地域を支える
農協

協同のセーフティネットを創る

高橋 巌 編著

コモンズ

序章　本書をまとめた背景

高橋　巌

1　新自由主義的政策のもとでの「農協改革」

まずはじめに、本書をまとめて出版に至った背景から述べることとしたい。

現在の日本における経済政策の基本は、市場原理をベースとする新自由主義的政策(1)である。それは、国際的には自由貿易によるグローバリゼーションを、国内的には構造改革、規制緩和、民営化・株式会社化を柱としている。これらを一定程度転換するかに見えた二〇〇九年の旧民主党への政権交代は、明確な転換方向が示されないまま、その期待への反動から、自民党を中心とする旧来型の政権への回帰をもたらす結果になった。これにより、二〇一三年三月のTPP（環太平洋経済連携協定）交渉参加とその後の妥結に見られるように、以前にも増して新自由主義的政策を強力に推進する事態となっている。

ところで、われわれが生活するうえでは、いざというときに備えたさまざまな「安全弁」が必要になる。それは、たとえば国民健康保険や失業保険、少子高齢化が進む中で老後の生活を支える年金や福祉に関する法律・諸制度などであろう。本書では、このように法律・諸制度で具体化されるものを含む安全弁を「セーフティネット」とする[(2)]。

新自由主義的政策の所産である「小さい政府」の推進に加えて、安倍政権下でのアベノミクスによって、戦後日本社会を支えてきたセーフティネットは、次々に弱体化・空洞化されていった。その結果、福祉目的だったはずの消費税増税後における福祉予算大幅削減や介護保険の条件厳格化、年金のベース部分を投機的有価証券取引につぎ込んで強引に演出した「見せかけの好況」のもとで、所得格差が広がり実質賃金が低下を続けるなど、問題が拡大している。

こうした新自由主義的政策によって、誰もが先の見えない一層の競争に駆り立てられてきた。実際、これを推進してきた政府自らが、競争による不安定化が人と人とのつながりを弱体化させ、それにともない社会不安が増大する実態を認めざるを得なくなっている[(3)]。さらに、二〇一一年三月一一日の東日本大震災と東京電力福島第一原子力発電所事故による社会的な混乱が拡大して以降、地域におけるセーフティネットを張り直して再構築することが、大きな課題になっていると言える。

そしていうまでもなく、われわれが生きていくうえで欠かせない「食」を育むのは、農林漁業・農山漁村である(本書では農業と農村を中心に考察する)。しかし、その現場は、過疎化・高齢化をはじめ、ＴＰＰに至る新自由主義的政策による貿易「自由化」などを要因とする農業生産基盤の弱体化などにより、都市部以上に厳しい環境に置かれ、セーフティネットがより機能しなくなっている。それが国全体の食料自給率低下を惹起していることは、論を待たない。

このような農村の現場では、これまで公的セクターが担っていた諸機能が後退するもとで、農業協同組合(本書では、とくに断りのないかぎり総合農協(農協、JA)を指し、以下「農協」という)が、相互扶助に基づく事業・活動の展開によってさまざまな形でそれを補い、セーフティネットの再構築につなげている場面が多い。いくつか例を挙げてみよう。

たとえば、農地・農業の生産基盤と自然環境を維持しながら、地域で作られた顔の見える安全な農産物・食品を生産・供給する。高齢化が進む農村で多様な農業の担い手を組織化する。すべての商店が撤退した「限界集落」で、農協が唯一展開する移動購買車(第6章に詳しい)やガソリンスタンドの維持(第8章参照)など、集落・地域を維持するさまざまな取り組みを行う。あるいは、高齢化の進展のもとで、介護保険でカバーできない自主的な宅老所や農協女性部などの助けあい組織をはじめ、地域で多数を占める元気な高齢者が安心して暮らし働ける場をつくる……。

しかし、農協に対しては、新自由主義的政策を推進する財界やそれをバックアップする勢力、そして彼らをスポンサーとする広報機関＝一部マスメディアから、多くの批判が展開されてきた。その中心は、営利を目的とする株式会社の事業・組織を唯一絶対とし、相互扶助による非営利性という協同組合の組織特性を否定する論調である。

たとえば、大企業が優越的な力を持つ市場において、小生産者が協同組合の共同経済行為を通じて大企業とも競争できるようにするための「独占禁止法適用除外」を見直すべきという暴論も見られる。さらに、戦前の産業組合以来の歴史的必然性と背景を矮小化し、農協が地域で総合的な事業展開を行うことを問題視する「信用・共済事業分離論」、果ては農政の失敗をすべて農協に押しつけようとする極論まであった。

これらの暴論・極論は、二〇一三年に入って新自由主義的政策の完成形であるＴＰＰの交渉参加が具体化する中で「農協改革」として加速し、二〇一五年の農協法改定に結実した。この「改革」も法改定も、協同組合の機能と役割を否定する首相官邸とそれを支える規制改革（推進）会議（以下、後継の規制改革推進会議とともに「規制改革会議」という）から一方的に浮上したものである。

その内容は本書で詳述するように、国家が自主的組織である協同組合をおとしめ、農協法の柱であった非営利条項を否定し、連合会の協同組合から株式会社への移行を促したり、総合事業を分割して営利企業のような代理店方式を可能にする、などである。しかもそれらは、農協が自主的組織であるにもかかわらず、当事者や関係者の意見を抑えつけるように進められた。これらは、協同組合としての農協のほぼ全否定といってよい。

2　各国が評価する協同組合

「農協改革」推進派や一部マスメディアの立場に立てば、「農協改革」による協同組合否定は強権でも何でもなく、「農協も協同組合も時代遅れで、役割を終えたもの」であり、「非営利・平等主義で、農業者の収益性に貢献できない非効率な農協が、新たに農業者のためのあるべき組織のために淘汰段階に入ったゆえの政策変更にすぎない」ということになる。

だが、本当に農協・協同組合は時代遅れで、必要ないのだろうか。あるいは、改定農協法がその条文で「組合は……組合から株式会社・一般社団法人・消費生活協同組合・社会医療法人への組織変更ができる（第七〇条、第七三～九二条）」としているように、「農業者の収益性確保のために、協同組合から株式会社への組織移行は必然化される」のであろうか。

たしかに、従来の農協組織と事業のあり方にさまざまな弱点と不十分性、反省点があることは否めない。もとより編者は、それらを改善する本来の農協改革は大いに推進すべきと考えている。

しかし、地域に依拠しない株式会社の目的と本質は、基本的に利潤の極大化にあり、収益性が得られなくなった事業体は容易に地域から撤退する。一方で、地域に立脚した農協など非営利と相互扶助をベースとする組織は、さまざまな地域の市場外的なサービスのニーズに応え、セーフティネットの再構築に貢献している。そのことの軽視は、厳しい地域実態を直視しない空虚な議論であると言わざるを得ない。むしろ、地域でセーフティネットが弱体化するいまこそ、非営利と相互扶助をベースとする農協の事業・活動が果たす役割を実態的に分析し、かつ正当に評価しなくてはならない。

農協は、農業者が自らの事業と生活を支えるために、組合員自ら出資してつくった自主的な協同組合であり、同時に日本最大の協同組合・NGOである。

いうまでもなく協同組合とは、世界一〇〇カ国以上に約一〇億人の組合員を有する世界最大のNGOであり、先進国から途上国まで広く国際社会が歴史的にも評価して制度・政策に組み入れている、実践的な非営利組織・事業体である。国連は二〇一二年の国際協同組合年で「貧困の根絶や雇用創出、社会的統合などに重大な貢献をしている」[4]とし、国連教育科学文化機関(ユネスコ)も二〇一六年一一月に、「共通の利益の実現のために協同組合を組織するという思想と実践」をユネスコ無形文化遺産に登録することを決定している[5]。

つまり、現在の日本政府が展開する一連の協同組合を否定する動きは、国際社会が認知する自主的な協同組合に対する敵対・挑戦ともいうべき行為であり、非民主的・強権的な政策変更のあり方とあわせ、あたかも開発独裁国家における弾圧に近い状況にあると言っても過言ではない。もし、今後この方向で「改革」が推進され、「協同組合でない農協」が出現すれば、農協だけでなく協同組合そのものの解体の危機であり、その存亡が危ぶまれる状況になる。

3　本書の特徴と構成

本書は、以上のような背景と問題意識から、この間の政府主導による「農協改革」の実態を改めてまとめ、その問題点を多角的かつ批判的に論じている。そのうえで、農協の事業・活動を多面的に分析し、セーフティネットを持続的に再構築しうるような目指すべき「本来の・真の農協改革」の姿を考えていくことを課題とする。

本書の特徴は、こうした問題意識のもとで、農協の第一義的役割である農家組合員の生活と事業を支え守る機能のみならず、農協が地域社会のセーフティネットの再構築に貢献するなど多面的な機能を持ち、その役割を果たしている視座を明確にしていることである。農協論に精通した読者は、目次を見て、類書にない著者の組み合わせにやや驚かれたかもしれない。これは、編者がこうした視座と問題意識を鮮明化しようと考えて著者を選択したからである。

それゆえ本書の分析範囲は、類書のように農協事業を辞書的に網羅する構成にはなっていない。この点は最初にお断りしておきたい。しかし編者としては、すべてではないにしても、今日の農協に関する広範囲に及ぶ重要な論点をフォローしうるよう、最適かつ学際的な顔ぶれをそろえたつもりである。

以下、本書の内容を大まかに述べていきたい。

第Ⅰ部「グローバル化の進展のもとでの農協解体攻撃」は、今日の新自由主義的政策のもとで展開されるグローバル化と、規制緩和・株式会社化の波に翻弄される農協の位置を明らかにし、その問題点を明確にする。

第1章では、協同組合としての農協の特質を体系的に論じ、本書をまとめるに至った直接的背景である「農協改革」の問題点を明らかにし、今後の方向性を検討する。第2章では、酪農経済論を専門としオセアニアの農協事情にも詳しい小林信一が、「農協改革」で言われる連合会の株式会社化の問題点について、オセアニアでの先行ケースをもとに論じ、日本の農協連合会の株式会社化推進論に対して警鐘を鳴らす。

第Ⅱ部「地域におけるセーフティネットと農協――総合農協における『総合性』の根拠」は、共済事業、都市農協、厚生事業の事例などをとおして、本書のモチーフであるセーフティネット論と農協の総合事業の意義と役割を論じる。

第3章では、一般には分析されることが少ないが、セーフティネットと密接なつながりを持つ共済事業の歴史と実態分析から、農協の総合事業の意味と意義を考察する。第4章では、准組合員の利用制限や「信用・共済事業分離」に直接さらされる都市農協の事例をとおして、農協が都市住民から求められている農的事業に応え、重要な役割を果たしている実態を論ずる。

第5章では、農協・地域医療問題の研究と実務を専門とする小磯明が、「農民とともに」をスローガンに掲げた農協（長野県厚生連）の運営する佐久総合病院の農村医学と地域医療に貢献してきた事例分析によって、農協・厚生連が地域インフラを支えている役割を明らかにする。第6章では、限界集落を含む離島地域の「買い物難民」に対応し、地域貢献する農協の移動信用購買車の事例を紹介する。

第Ⅲ部「各地域・分野における農協・協同活動の重要な役割」は、主産地(北海道・新潟県)、酪農・乳業、中山間地域という三つの視角から、農協による農業生産支援、共販による安定販売、家族農業を支えて地域の持続性を確保する事業・活動を論じる。

第7章では、北海道農業研究のスペシャリスト・東山寛らが、日本の食料基地における農協事業と営農活動との相互作用が生み出されている局面に焦点を当てて、農協が地域農業の総合力を組み立てられる唯一の存在であることを実証的に分析する。第8章では、新潟県で長年地域農業支援に従事している伊藤亮司が、新潟県内の事例をもとに、生産者視点による農協の事業・活動が地域農業の持続性を担保している実態を浮き彫りにする。

第9章では、日本における酪農・乳業研究の第一人者である矢坂雅充らが、「農協改革」の延長線における加工原料乳生産者補給金等暫定措置法(不足払い法)・畜産経営安定法改廃という動きのもとで、不足払い法・指定生乳生産者団体による生乳共販と生乳計画生産が酪農のみならず乳業の発展にも寄与してきた事実をとおして、指定生乳生産者団体機能(農協共販)の重要性を論証する。第10章では、中山間地域で実践的な調査研究に従事している相川陽一が、中山間地域の維持・存続のためには農政が主張する法人化・規模拡大ではなく家族農業の存在が重要であること、その協同性を担保するために、農協を支える地域のつながりが重要な役割を果たしている実例を、多角的に明らかにする。

また、補章では、中国地方の農協などが戦後間もなくから小水力発電事業に取り組み、いまも継続して持続可能な地域エネルギー供給に貢献している様子を、近年の新しい動きとともに報告する。

そして最後の終章で、本書全体を総括し、現在進行する「農協改革」ではなく、人びとの協同の中から地域農業と地域住民の生活を支え、多くの人たちとともにわれわれの未来を構想しうる真の農協改革を提案する。

すべての農協関係者・農村等地域住民が、本書を通じてわれわれを取り巻く現状をより正しく認識し、問題意識を深めていきながら、先人の汗を無駄にしない「真の農協改革」を実現されることを祈念したい。

（1）新自由主義的政策の歴史的・体系的な整理は、デヴィッド・ハーヴェイ著、渡辺治監訳『新自由主義――その歴史的展開と現在』（作品社、二〇〇七年）など。
（2）いうまでもなく、ここでのセーフティネットとは、金融・保険事業における狭義のそれとは異なり、「社会的なセーフティネット」を指す。第3章で詳細に述べる。
（3）長期にわたる新自由主義的政策のもとでの市民の「不安」については、たとえば、内閣府『平成

一九年版国民生活白書』時事画報社、二〇〇七年、三、一五二、一五六、一六六～一六八ページ。
（4）国際連合広報センター「プレスリリース」（二〇一一年一二月二二日）。http://www.unic.or.jp/news_press/features_backgrounders/2381/（最終確認二〇一七年七月二六日）
（5）JJCニュースリリース（二〇一六年一二月一四日）。http://qq4q.biz/EXO1（最終確認二〇一七年七月二六日）

＊本章は、高橋巌「地域社会におけるセーフティネットと共済事業（上）」（『共済と保険』四六巻一一号、二〇〇四年、一六～二三ページ）、同『協同組合論』（全漁連・水産業協同組合監査士テキスト、二〇一七年）をもとに、全面的に加筆修正したものである。

第I部

グローバル化の進展のもとでの農協解体攻撃

第1章　農業協同組合の特質と「農協改革」の問題点

高橋　巖

1　協同組合組織としての農協

はじめに、農業協同組合（農協）の現状を把握しておきたい。

すでに述べたように、農協は非営利の協同組合である。協同組合とは「人びとの自治的な協同組織であり、人びとが共通の経済的・社会的・文化的なニーズと願いを実現するために自主的に手をつなぎ、事業体を共同で所有し、民主的な管理運営を行うもの」である。そして、農協とは「相互扶助の精神のもとに農家の営農と生活を守り高め、よりよい社会を築くことを目的に組織された協同組合」とされている[1]。

この協同組合の特質をさらにみていこう。本書では教科書的・網羅的な解説は省くが、改めて協同組合の特質を株式会社と対比しながらまとめておきたい。協同組合は、国際的に、ＩＣＡ（国際協同組合同盟）が定めた「協同組合原則」でその組織原則が規定されている（表1－1）。

表1－1　協同組合原則

◆第一の原則＝自発的でオープンな組合員制度
協同組合は自発的な組織であり、組合の事業を利用し、組合員としての責任を果たす意志のある人なら誰でも、性別や社会的・人種的・政治的・宗教的な理由での差別を受けることなく、組合員になることができます。

◆第二の原則＝組合員による民主的運営
協同組合は、組合員の運営によって支えられた民主的な組織です。組合員は組合の方針の策定や意思決定に積極的に参画し、また、組合員によって選出された代表の人たちは、すべての組合員に対して責任を負います。単位組合の組合員は一人一票の平等な議決権をもち、他の段階の協同組合もまた民主的な方法によって組織運営されます。

◆第三の原則＝組合員による財産の形成と管理
組合員は、協同組合に対して公平に出資するとともに、組合の財産を民主的に管理します。組合財産の少なくとも一部は通常、組合の共有財産であり、組合員が拠出する出資金に対して配当が支払われる場合でも、通例それは制限されたものとします。そして剰余金は、次の目的のいずれか、またはすべてに充当されます。
・その組合の発展のため（なるべく積立金とし、少なくともその一部は分割できないような形にする）。
・組合の事業利用に応じた、各組合員への還元のため。
・組合員が認めるその他の活動を支援するため。

◆第四の原則＝組合の自治・自立
協同組合は、自治にもとづく組合員の自助組織であって、組合員が管理するものです。政府も含め他の組織と取り決めを行なったり、外部からの出資を受ける場合であっても、組合員による民主的な管理が確保され、組合の自立性が維持されることが条件です。

◆第五の原則＝教育・研修と広報活動の促進
協同組合は、組合員や選出された役員、管理者、従業員に対して教育や研修を実施し、それぞれが組合の発展に有効に貢献できるようにします。また組合は、一般の人びと（とくに若者やオピニオンリーダー）に対して、協同活動の本質と意義とを広めます。

◆第六の原則＝協同組合間の協同
協同組合は、組合員に対する役割を最も効果的に果たし、協同組合運動を強化するために、地域的・全国的・広域的・国際的なしくみをつうじてお互いに協同します。

◆第七の原則＝地域社会への配慮
協同組合は、組合員がよいと思うやり方によって、その地域社会の永続的な発展に努めます。

（出典）JC 総研『新協同組合とは（再訂版）――そのあゆみとしくみ』JC 総研、2013年。

その第七原則では「地域社会への配慮」が謳われ、「地域社会の永続的な発展に努める」と定めている。日本の協同組合も、この協同組合原則に沿って設立され、運用されてきた（**表1－2**）。

協同組合の組織目的は、出資者である組合員が「自らの生産や生活を守り、向上させるため」すなわち、組合員の経済的・社会的地位の向上にある。農協であれば、正組合員である農業者が「自らの営む農業や家族経営としての生活を守ること」になる。また、協同組合の出資者の主たる目的は、組合員が自らのために事業や施設を利用する「非営利な活動」である。一方、株式会社の場合は利潤の追求、つまり出資者である株主の利潤確保にあり、株主の主たる目的は、利潤の配当や株の値上がりを期待する「営利」にある。なお、日本の各協同組合の根拠法は各事業分野と所轄省庁によって異なり、株式会社は基本的には商法に集約されている。

組織面では、協同組合の組織者である組合員は自然人が基本で、加入脱退は自由であり、自らが利用者であるなど「人の結合体」を組織原理とする。これに対して、株式会社の株主は投資家・法人などで、自然人に限定されない。そして、利用者は不特定の顧客であり、出資者ととくに一致しないことなどから、「資本の結合体」を組織原理にすると言える。

管理面では、協同組合が人間的平等による民主的運営を基本とした「一人一票制」であるのに対し、株式会社は「一株一票制」であり、資金を多く有して株を占有できる株主が支配権を持つ。株式会社が資本の結合体とされるゆえんは、ここにも示されている。財務面では、協同組合には出資配当制限があるのに対し、株式会社には利潤配当制限がない。事業面では、協同

表１－２　非営利協同による協同組合と営利目的の株式会社との違い

	協同組合	株式会社
組織の目的	組合員の生産や生活を守り、向上させる。 【組合員の経済的・社会的地位の向上】→地域社会への貢献	利潤の追求。 【株主の利潤確保】
（根拠法）	農業協同組合法、水産業協同組合法、森林組合法、中小企業等協同組合法、消費生活協同組合法など	商法など
出資者の主たる目的	「組合員」として出資し、事業や施設を利用する。【非営利】	「株主」として「株」を購入し、利潤の配当や株の値上がりを期待する。【営利】
（名称）	組合員	株主
組織面での特色	・「組合員」は自然人が基本。 ・「組合員」が利用者である。【人の結合体】 ・「組合員」加入資格には制限がある。【加入資格制限】 ・出資譲渡に制限がある。【出資譲渡制限】	・「株主」は自然人に限定されず、法人も可。 ・利用者と出資者は、とくに一致しない。【資本の結合体】 ・「株主」に制限はない。【加入資格に制限なし】 ・株式譲渡は自由。【出資譲渡無制限】
（組織者）	農業者、漁業者、森林所有者、勤労者、消費者、中小規模の事業者など	投資家、法人
（利用者）	出資者＝組合員が原則	不特定の顧客
管理面での特色	・人間的平等による民主的運営による議決権。【一人一票】 ・日常の組合員参加による管理・運営が基本。【民主的運営】 ・「組合員」出資者＝利用者＝運営参加者。【三位一体の原則】	・株を多く持つ人が支配する＝株数に応じた議決権。【一株一票】 ・経営部門が分離独立し、株主は日常運営には通常参加しない。【所有と経営の分離】
財務面での特色	・出資配当に制限がある。 ・剰余金の利用高配当を行う場合がある。【非営利目的】	・利潤配当に制限はない。 ・利用者に対する配当は、とくにない。【営利目的】
事業面での特色	・信用／共済／経済の兼営（総合農協など）が可能。 ・共同販売・価格交渉権を有し、独占禁止法適用が除外される。【独禁法適用除外】 ・組合員教育の重視。	・金融／保険／経済の単営が多い。 ・独占禁止法が適用される。【独禁法適用】 ・利用者・出資者への教育は、とくにない。

（出典）JC総研『新協同組合とは』、JA全中編『JAファクトブック』各年度版などから作成。

組合が総合農協に見られるように信用／共済／経済の兼営が多いのに対し、株式会社の場合は、たとえば保険会社であれば保険事業の単営が多いなどの違いがある。

表1-2にあるように、協同組合の組合員は農協の正組合員である農業者に限らず、漁業者、林業者、中小企業経営者など中小規模事業者や一般消費者などである。こうした階層は、大資本が有利となる市場構造のもとでは取引などで不利な立場にあるため、「社会的弱者」と言われてきた。このため国際的にも、こうした社会的弱者を守り、対等な取引を実現するために、協同組合の重要な機能として共同販売と価格交渉権が組み込まれている。それゆえ、日本の協同組合法制でも非営利性を担保しつつ、独占禁止法の適用が除外されてきたのである。

2　農協組織の現状と特徴

農協組織と事業の総合性

現在の農協組織の現状は、**図1-1**のとおりである。

二〇一六年度現在、総合農協（単位農協）は六五四ある。そして、二〇一四事業年度末現在、農業者である「正組合員」は四五〇万人を擁している。また、事業利用に限定され、組織運営を担うことのできない地域住民による「准組合員」が五七七万人と、正組合員を上回る規模で存在する。**図1-2**のとおり、すでに正組合員と准組合員の比率が逆転し、現在は、准組合員数

図１－１　農協組織の現状

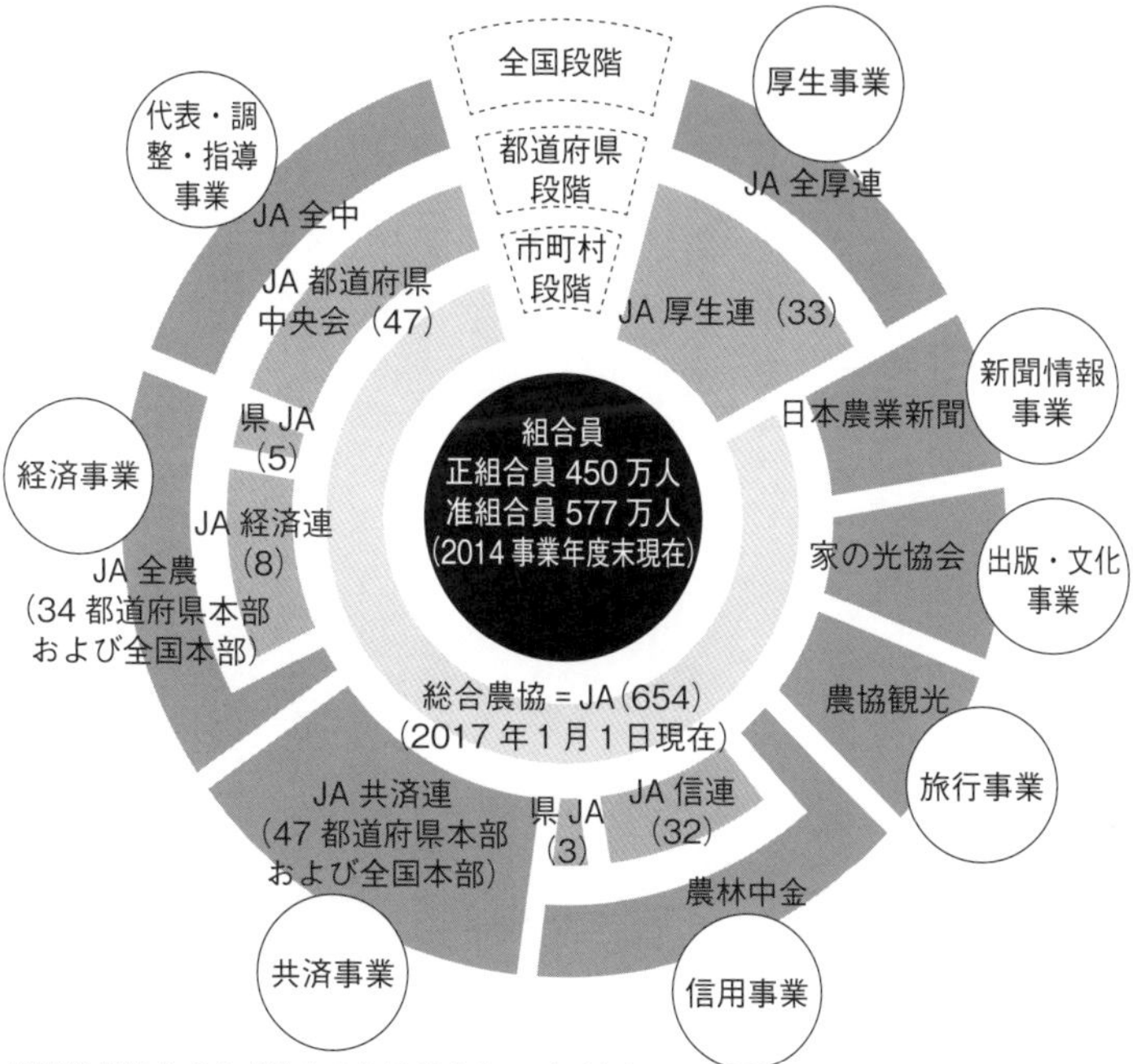

（資料）農林水産省「総合農協統計表（2014年度）」。
（注１）総合農協数は、JA 全中調べ。
（注２）年月日の表示がない場合は、2016年12月末現在。
（出典）JA 全中編『JA ファクトブック2017』JA 全中、2017年。

が正組合員数を凌駕している。

この組合員実態にも示されているとおり、日本の農協の最大の特徴は、農業者である正組合員の職能組織である反面、正組合員の農業事業だけでなく生活のすべてに対応する総合農協であり、地域住民のニーズにも対応した地域協同組合的な側面を有することにある。

その総合的な事業分野は、以下のように幅が広い（①～③が三本柱）。

①農業者たる正組合員

図1－2　正組合員・准組合員数の推移

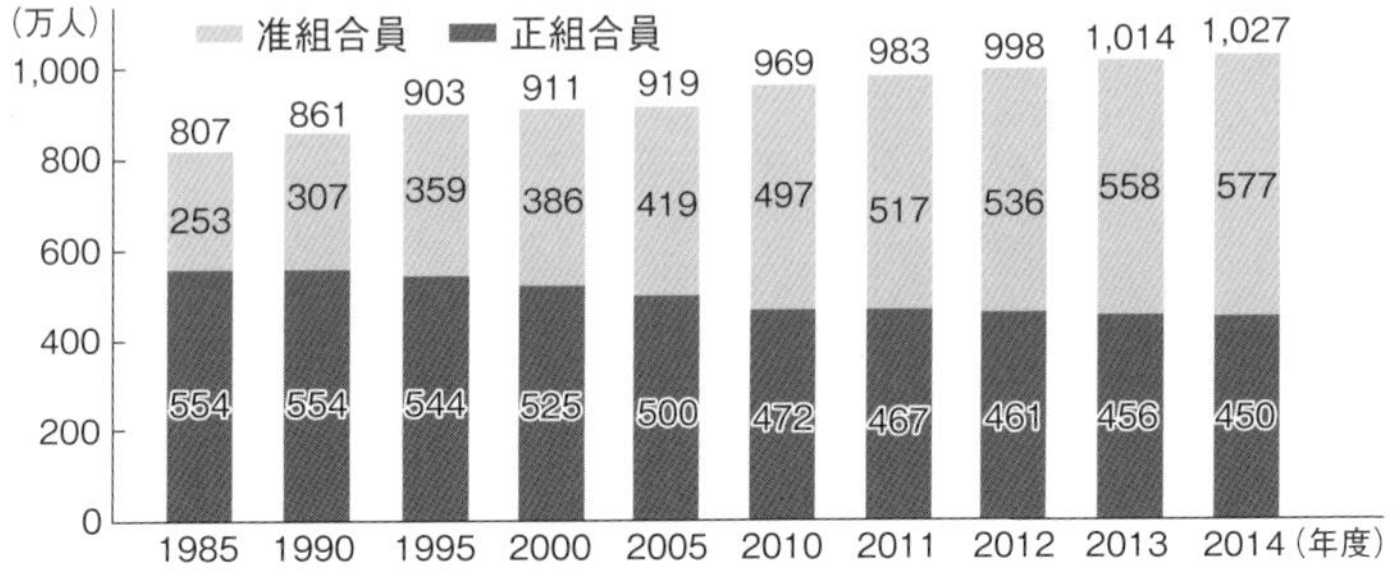

(資料)農林水産省「総合農協統計表」各年度版。
(注)単位未満四捨五入によるため、計に一致しない年度がある。
(出典)JA全中編『JAファクトブック2017』JA全中、2017年。

の農産物販売などを行う**販売事業**と、生産・生活資材の共同購入を担う**購買事業**による**経済事業**

②貯金・融資など組合員の資金管理を担う**信用事業**

③組合員の生命と財産を保障する**共済事業**

④中央会による農協組織全体の代表・調整・指導事業

⑤医療・福祉を担う厚生連などによる厚生事業

⑥新聞連・家の光協会による、新聞情報、出版・文化事業

⑦農協観光などによる旅行事業

具体的に言えば、農協は農産物集荷・販売や農薬・肥料の農業者への提供といった事業以外に、信用・共済事業では地域金融機関や非営利の協同組合保険事業の機能を担っている。また、地域住民も利用できるガソリンスタンドやAコープ、農産物直売所などを営み、厚生連の病院や高齢者向けのデイサービスを運営し、さらには葬祭センターの運営や墓石販売まで行っている。すべての事業は組合員が所在する市町村や、「昭和の大合併」以

前の旧村を基礎とする単位農協（単協）が事業主体である。信用事業・共済事業にしても、「農協連合会」である共済連や農林中央金庫は、事業の調整・資金運用・普及推進の管理を担う役割に限定されている。

農協が、こうした総合事業形態と准組合員制度を有する歴史的背景については、以下の三点が挙げられる。

①農協のルーツである戦前の「産業組合」（一九〇〇年に産業組合法が制定され、戦中期まで存続）が、組合員を農業者に限定しない一般協同組合であり、農村部では経済事業と信用事業の兼営による総合的事業が展開されていた。

②とくに産業組合の信用事業は、その誕生当時に横行した高利貸など民間事業者の農村の収奪・貧困に対する「上からの救貧政策」としても当初から重要視されていた。

③戦後法制に基づく農協は「農業者の職能的組織」と規定されたものの、当時の農村部では農協以外に信用事業や生活購買事業を担う事業者が少なく、農業者以外の地域住民にも事業利用の門を開く必要があった。[2]

非営利協同組織としての単位農協――農協の組織的な基礎

農協は単協を組織的な基礎とし、従来はそれぞれの事業分野ごとに、単協の事業を補完する都道府県連合会・全国連合会が組織されていた。最近は、中央会による指導事業を除き、共済事業ではすでに組織が全国連に一本化されて都道府県連合会は支部となり、信用事業・経済事業でも合併により多くの都府県でその一体化が進んでいる。さらに、奈良県・香川県・島根県・沖縄県の四県で、県内すべての農協が合併して一農協になる全県合併が行われた。

今日の日本は、いうまでもなく市場経済をベースとする資本主義社会であり、グローバリズムの大きな洗礼を受けている。とりわけ、地域に立脚しない巨大企業にとって、利潤の源泉がある地域においては立地する必然性があるが、「儲からない地域」で事業を継続する義務はまったくない。まして、企業規模と組織性が多国籍化・グローバル化すれば、「儲からない国」で事業を営む必要はないから、事業が不採算の場合、容易に国外にすら撤退する。反対に、「儲かる国・地域の株式会社」であれば、より大きな企業から資本買収されるかもしれない。

一方、農協は、商店が存在しない過疎地域であっても、すでに述べたように、Aコープの維持や移動信用購買車を手配したり、(3) あるいはガソリンスタンドのような事業を展開している。デイサービスや宅老所など高齢者福祉に取り組む農協も数多い。それらの事業は、当然単体で「儲かる」ものではなく、収益性が厳しい分野も多いが、組合員・地域住民にとって「農協事業が最後の命綱」であるケースも少なくない。

もちろん、一県一農協など広域合併の過程で、市町村単位の支店や事業所の統廃合が行われたことから、従来のような「地域密着」的な事業が後退したとする批判もある。とはいえ、こうした組合員・地域住民の負託に応える事業を展開している農協が今日なお多いことを、改めて確認しておきたい[4]。それを可能にしているのは、以下の三点である。
①農協が、株式会社と異なる非営利・地域密着という組織原理を有している。
②農協は、組合員が所在する単位農協を基礎とする組織であって、単位農協が民主的に事業を決定する主体性を有している。
③連合会は、あくまでこの単位農協を補完する組織である。
後に詳述するが、規制改革会議やそれに即した改定農協法においては、「協同組合は時代遅れである」といった風説が流布されてきた。そして、連合会を営利組織である株式会社に改組し、単位農協をその代理店とすることが「効率的」で「高収益」な事業と組織を実現し、農家にも恩恵があるという「論理」を展開している。しかし、各地の厳しい地域経済の実態を踏まえれば、それがまったく逆であることが理解される。

3　農協事業の現状

事業別総利益

農協事業の現状を確認するため、事業規模を鳥瞰しておこう。

まず、二〇一四年度の事業別総利益は、農業情勢の厳しさや農業の担い手の高齢化を背景に、引き続き減少傾向にある。事業の割合で見ると、信用事業が全体の四二・四％、共済事業が二

図１−３　農協の事業別総利益の推移

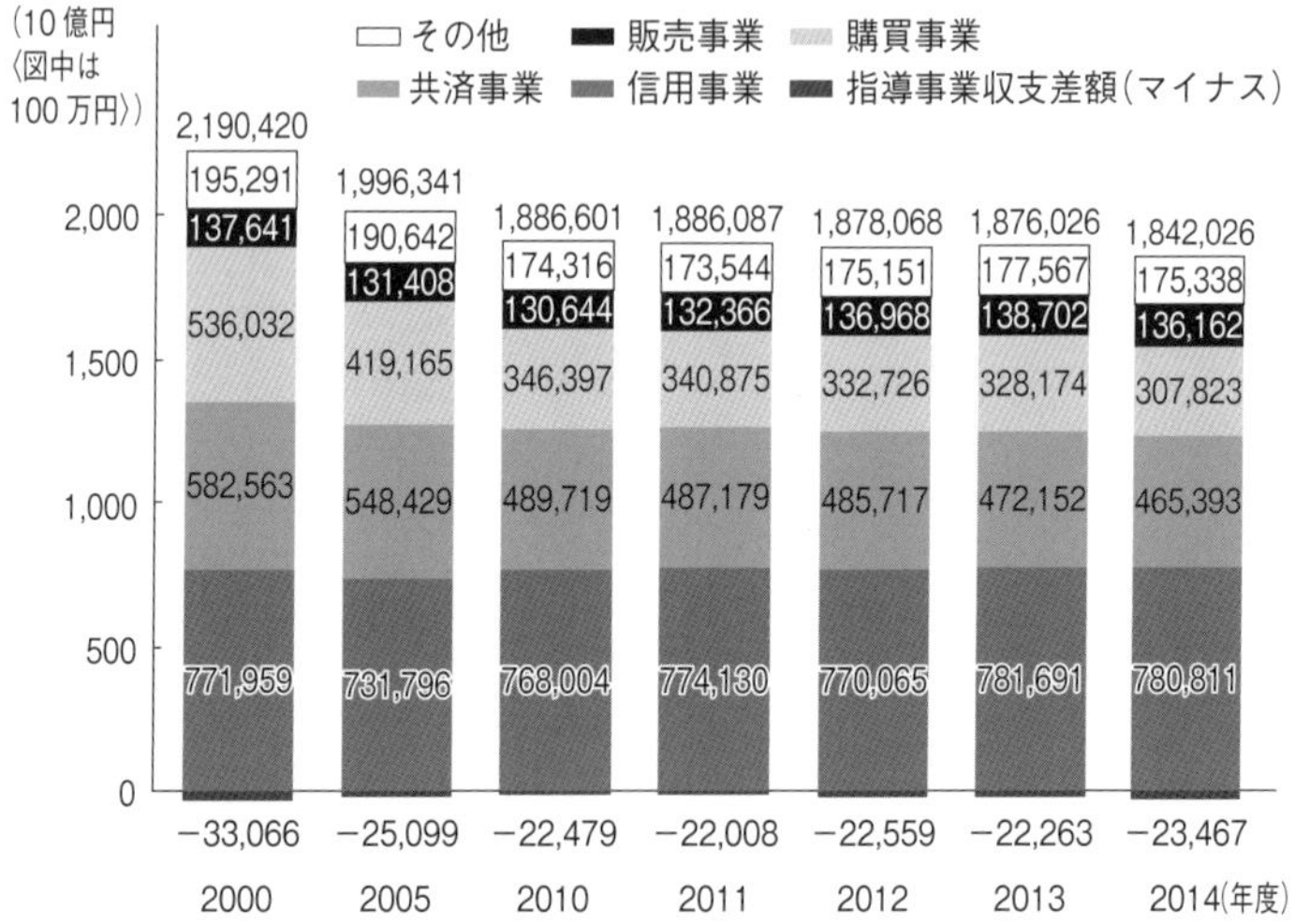

(出典)JA全中編『JAファクトブック2017』JA全中、2017年。

五・三%と両者で七割近くを占める一方、経済事業は合計でも二〇%台にとどまっている(**図1−3**)。なお、指導事業収支差額は、収益性がない指導事業の分が収益性のある事業との間で相殺される(マイナスになる)ことを意味する。

つまり**図1−3**からわかるように、農協経営は信用事業と共済事業により支えられているのであるが、その経営構造を規制改革会議や農協解体論者は批判している。一方で、「単位農協が信用事業や共済事業を展開することで、農産物価格の高騰を防いでいるのは紛れもない事実」とする指摘が、多くの論者からもあがっている[5]。この点は後で論じたい。以下、主要事業別にみていく。

図1－4　農協販売事業の内訳(2014年度)

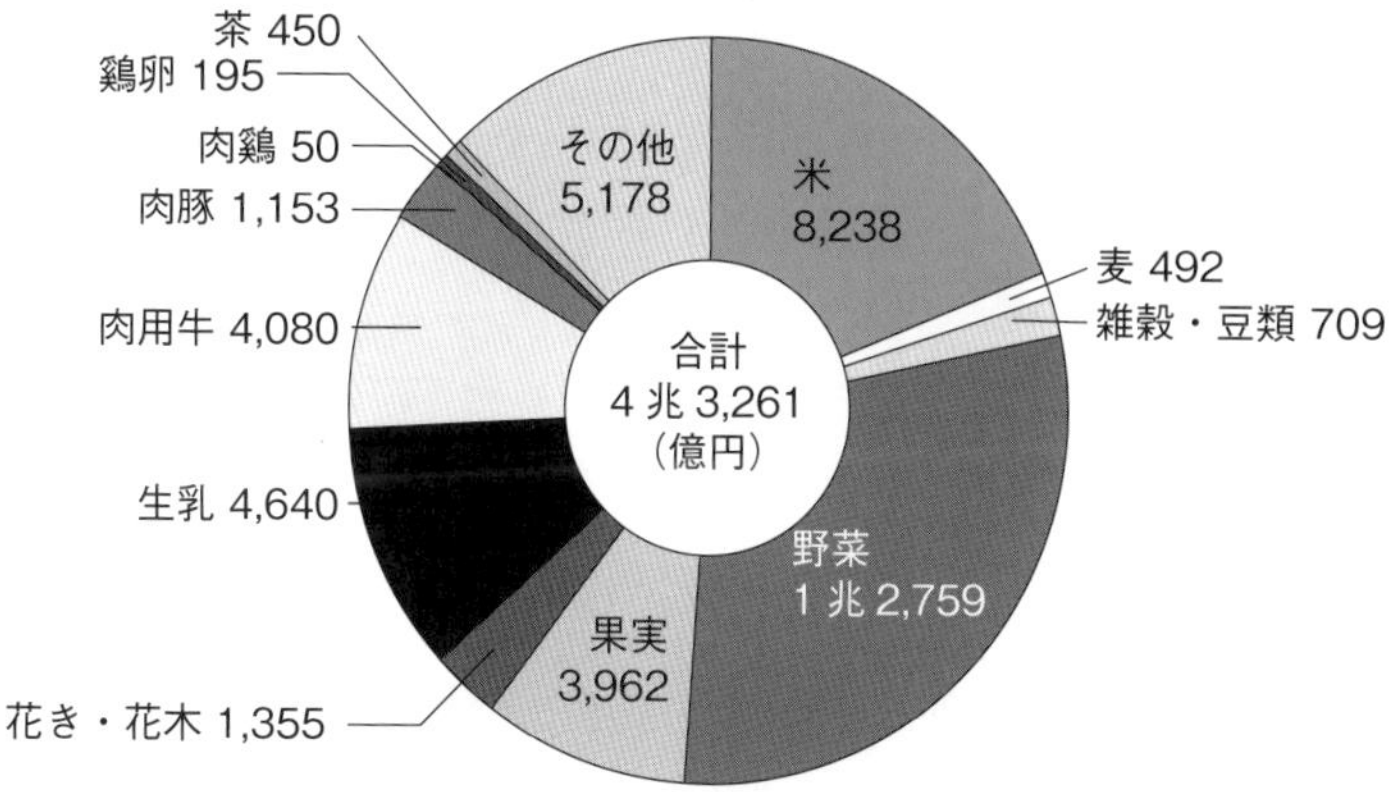

(資料)農林水産省「総合農協統計表(2014年度)」。
(出典)JA全中『JAファクトブック2017』JA全中、2017年。

販売事業

二〇一四年度の販売金額は四兆三二六一億円で、内訳は野菜二九・五%、米一九・〇%、生乳一〇・七%、肉用牛九・四%、果実九・二%などである(図1－4)。また、農業総産出額に占める農協販売額のシェアは、二〇一〇〜二〇一四年度については約五〇%の水準で推移している(図1－5)。

信用事業

貯金残高は堅調に伸びている。二〇一〇年度末の約八六兆円が、五年後の二〇一五年度末には約九六兆円と一一一・八%、金額で一〇兆円以上の伸びとなった。一方、貸出金残高は微減している。二〇一〇年度末の二二兆三二四一億円が二〇一五年度末には二〇兆六三六一億円と九二・四%まで減少した(図1－6)。同時に、貯貸率(貯金残高に

図１－５　農業総算出額と農協販売シェア（取扱高）

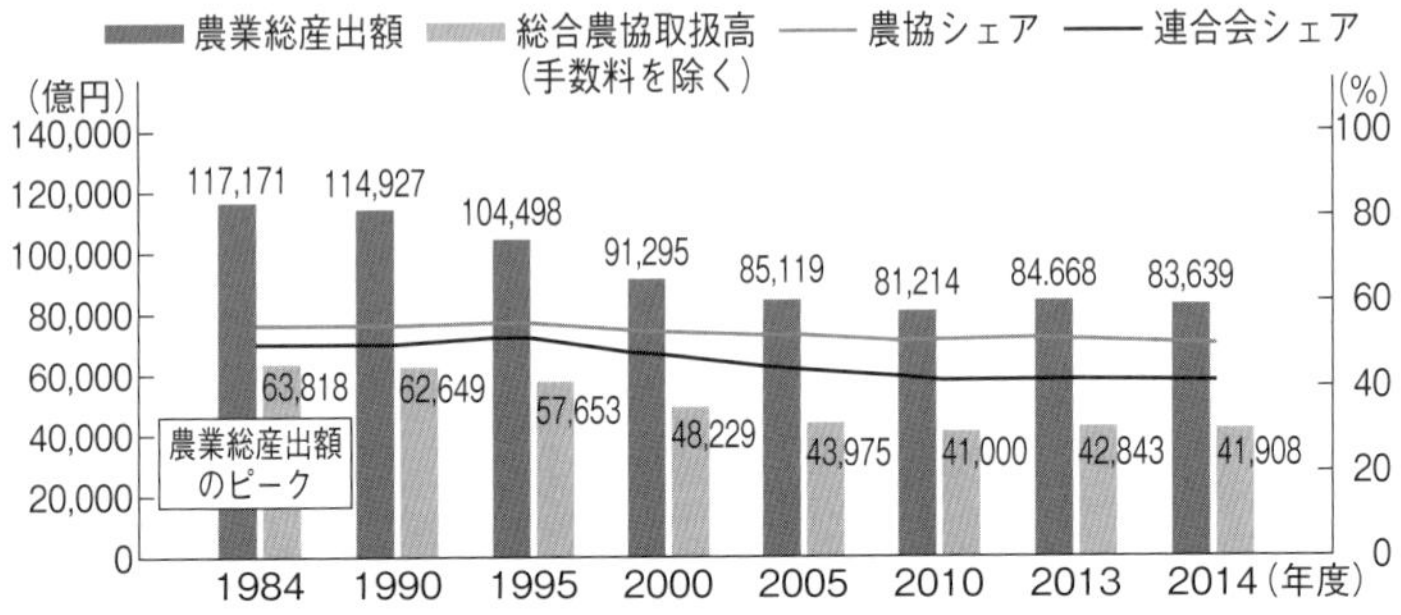

（資料）農林水産省「生産農業所得統計」「総合農協統計表」。
（注１）「総合農協取扱高」は、「総合農協統計表」の「当期販売・取扱高」の値から「販売手数料」の値を除いたもの。
（注２）「連合会シェア」は、「総合農協統計表」の「総合農協取扱高」と「系統利用率」から連合会取扱高を算出し、その値を「生産農業所得統計」の「農業総産出額」で割ったもの。
（注３）「生産農業所得統計」は暦年、「総合農協統計表」は年度を示す。
（出典）JA 全中編『JA ファクトブック2017』JA 全中、2017年。

対する賃出金の割合）も二〇一〇年の二六・〇％から二〇一五年には二一・五％に低下している。

以上の事業規模（預貯金残高）を大手メガバンクと表１－３で比較してみた。ここから、農協の信用事業は、ゆうちょ銀行や大手メガバンクに継ぐ第五位の規模を有することがわかる。

共済事業

共済事業については第3章で詳述するので概要のみまとめておく。二〇一五年度の長期共済保有契約高（五年以上の長期共済保障共済金額：共済事業のストックを意味する）は二七三兆六八二四億円、新契約高は一八兆三六三四億円で、ともに、二〇〇〇年をピークに減少傾向で推移している。内訳は、人に対する保障

図1－6　農協貯金残高・貸出金残高の推移

貯金残高と伸び率の推移

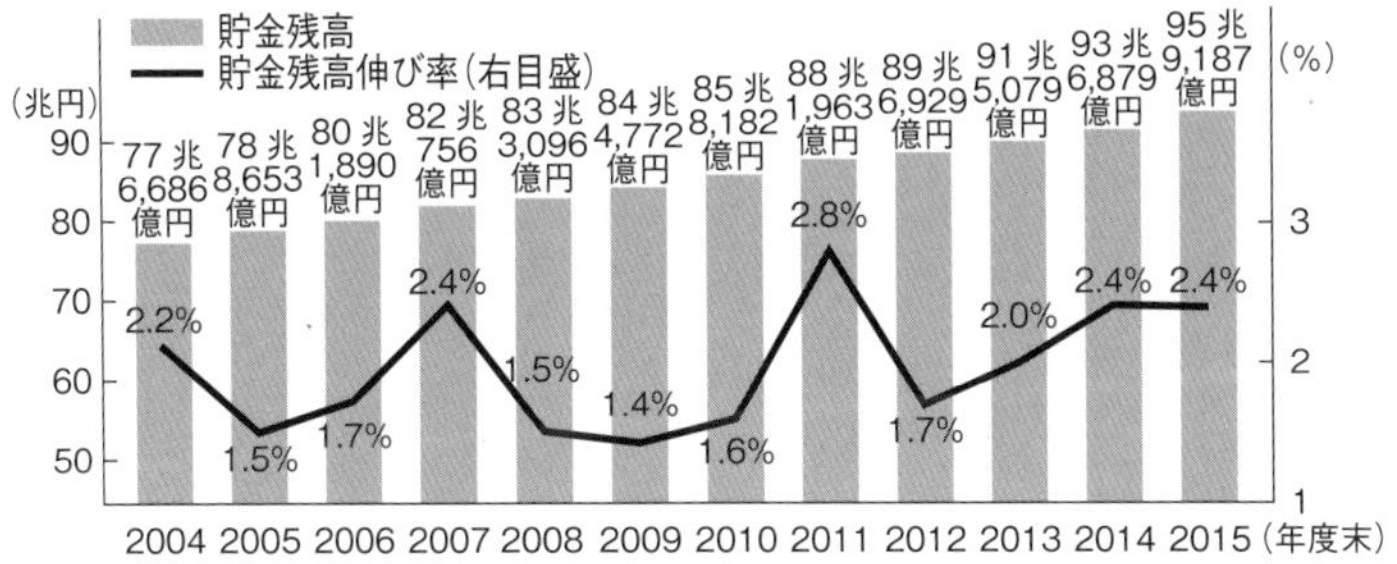

貸出金残高と伸び率の推移（日本公庫資金のJA転貸分、共済貸付金、金融機関貸付金を除く）

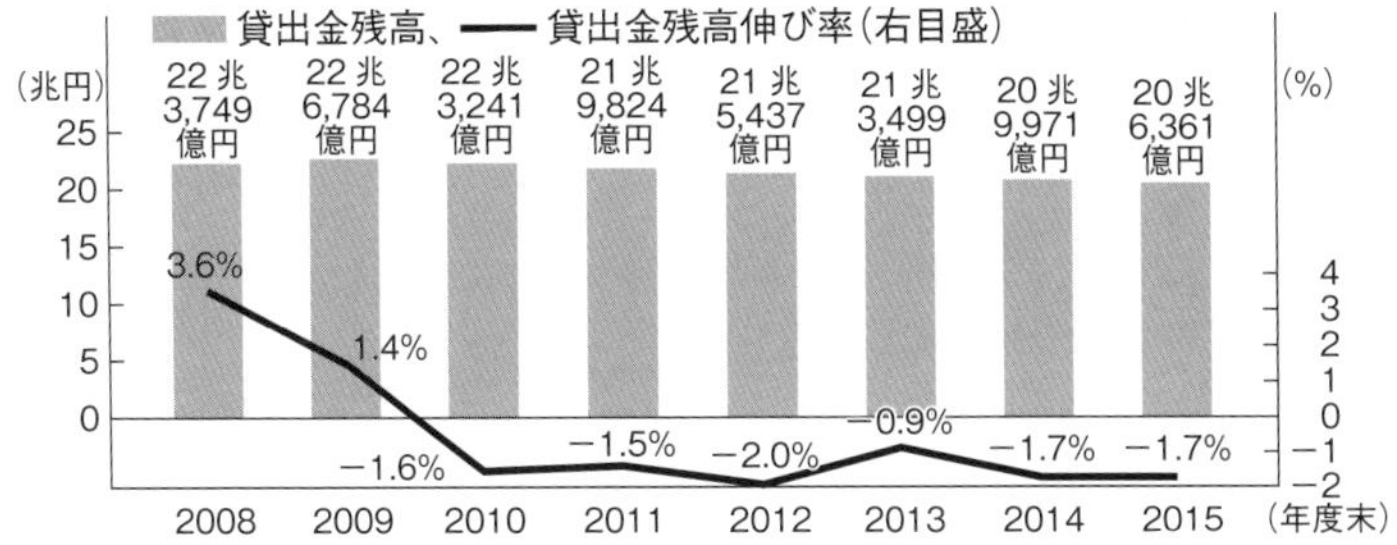

（資料）農林中央金庫。
（出典）JA全中編『JAファクトブック2017』（JA全中、2017年）より筆者作成。

である生命共済系と、建物などに対する保障である建物更生（損害）系がほぼ半数で、後者がやや上回る（図1－7）。

生命共済系がシェア的にも厳しく、保有契約高が減少傾向にある要因は、高度経済成長期に農協職員が総

表1－3　農協と大手金融機関の事業規模の比較（2015年度）

農協（全農協計）	95兆円
ゆうちょ銀行	177兆円
三菱東京ＵＦＪ銀行	138兆円
三井住友銀行	113兆円
みずほ銀行	111兆円

（資料）各行ディスクロージャー誌など。
（出典）農水省『農協について』2016年。

図1－7　農協共済事業実績の動向

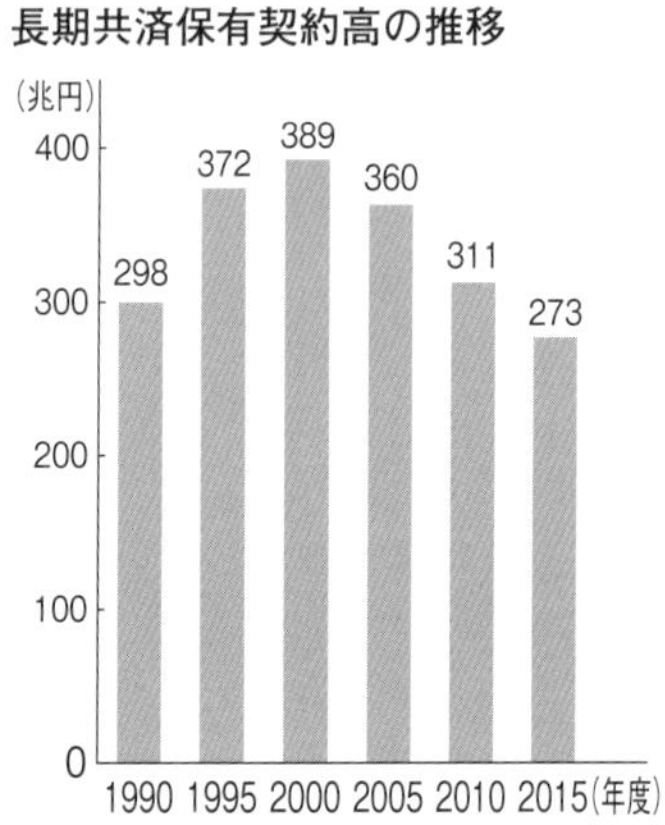

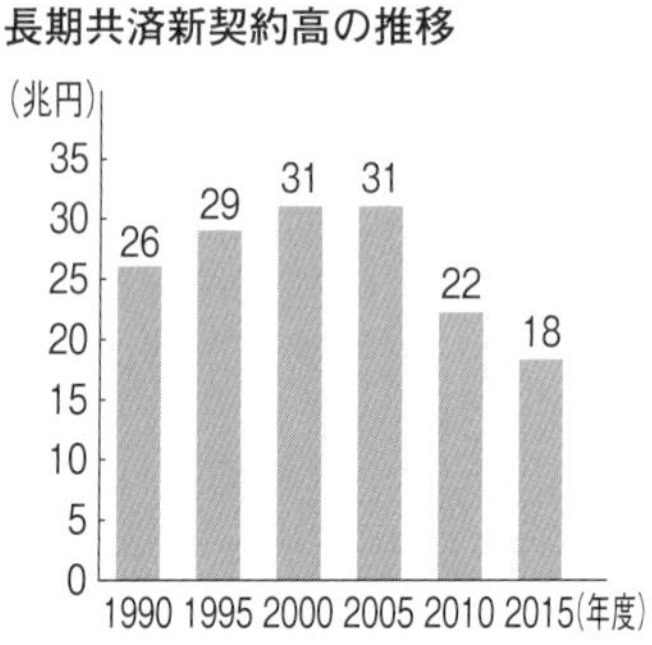

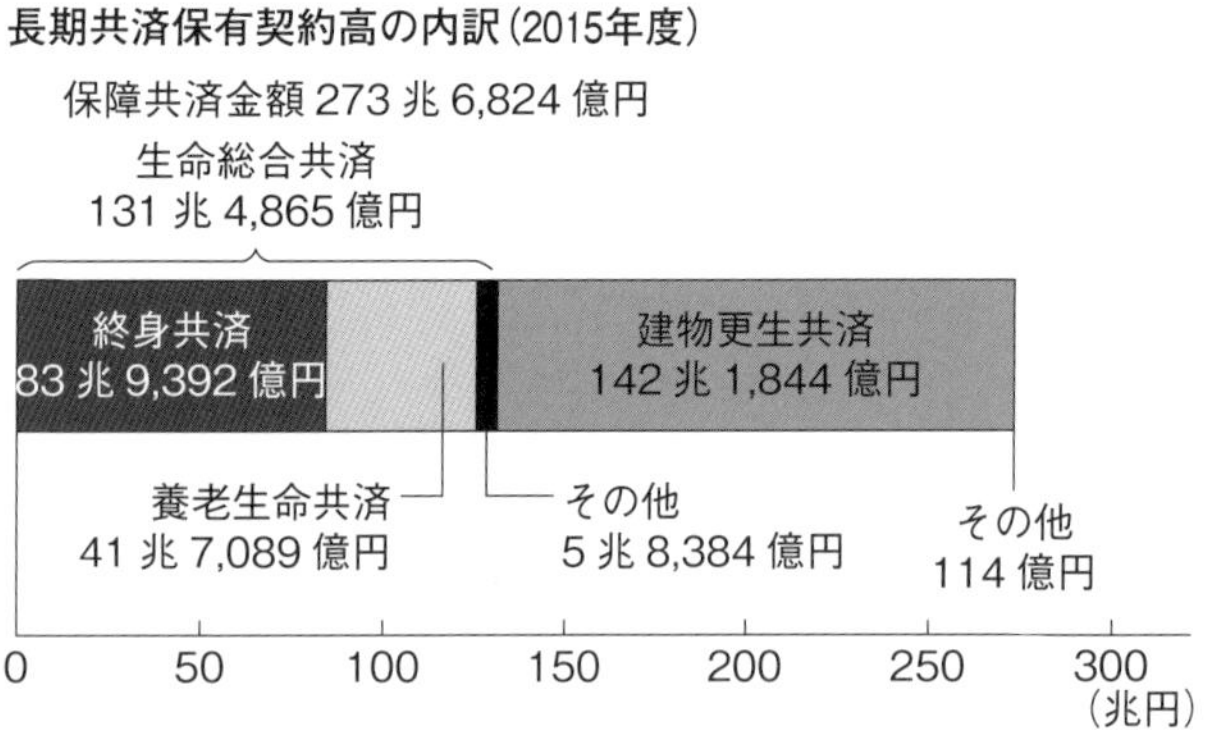

(資料)JA 共済連「JA 共済連の現状」各年版、「JA 共済連の現状2016」2016年。
(出典)JA 全中編『JA ファクトブック2017』JA 全中、2017年。

出で集落ごとに共済加入を推進した「集中推進」で加入した共済事業利用者が、高齢化によって共済期間を満了し、終身共済への転換や後継者の新規加入でカバーしきれていないことにある。ただし、保険事業環境のうちとくに生命系においては、少子高齢化や労働力人口の減少を背景として、民間事業者も同様に保有契約高が減少傾向にある。そのなかでは、農協共済の事業規模は依然として相対的に高い。**表1－4**のとおり、生命系では保険最大手の日本生命に継

表1－4　農協共済事業の大手保険会社との比較

［生命］
保有契約高・総資産（2015年度）

	保有契約高	総資産
農協共済	131兆円	56兆円
日本生命	167兆円	63兆円
第一生命	125兆円	36兆円
住友生命	98兆円	28兆円
明治安田生命	85兆円	37兆円

（資料）各社ディスクロージャー誌など。
（注1）農協共済の保有契約高は、生命総合共済のもの。
（注2）生命保険各社の保有契約高は、当該保険会社単体の個人保険と個人年金保険の保有契約高の総額。

［損害］
正味収入保険料（受入共済掛金）（2015年度）

農協共済（生命系を除く）	2兆3,683億円
損保ジャパン日本興亜（SOMPOホールディングス）	2兆2,184億円
東京海上日動（東京海上ホールディングス）	2兆1,283億円
三井住友（MS&ADホールディングス）	1兆5,074億円
あいおいニッセイ同和（MS&ADホールディングス）	1兆1,920億円

（資料）各社ディスクロージャー誌など。
（注1）農協共済は、生命系を除く直接事業収益の受入共済掛金から支払払戻金、支払返戻金および再保険料を損害保険各社と同様に控除したもの。
（注2）損害保険各社は当該保険会社単体の正味収入保険料。
（出典）農水省『農協について』2016年。

ぐ位置を占め、損害系では最上位を確保している。

4 「農協改革」のねらいと経過

オルタナティブ＝運動団体の側面を有する農協

以上のように農協組織は、ピーク時と比較すれば多くの事業で縮少傾向にあるものの、依然として一定規模を有する事業体であることが理解できよう。

戦後の農協は「制度としての農協」とも称されるように[6]、協同組合であるとともに、一九九〇年代前半の食管制度存続時までは有力な米集荷団体として、また農政を支える補助機関として機能していた。そして、巨額の事業規模を有する農協組織のナショナルセンターとして「全国農協中央会」やそれに連なる各種全国組織があり、一九九〇年代なかばごろまで影響力を持った米価闘争・乳価闘争に見られるような強力な大衆運動を牽引する組織力と、政権党の農業政策を左右する政治力を併せて有していたのである。

その後、食管法の廃止や相次ぐ農産物の関税化とともに、その政治力は後退していく。とはいえ、政権の進めるＴＰＰに対して最終段階まで反対を堅持して運動を展開するとともに、二〇一一年の東日本大震災・東京電力原発事故に際しては、原発事故が農業に与える甚大な被害を踏まえ、農協大会で「脱原発」を組織決定するなど、政権党に対抗するオルタナティブも提起していた。

国際的な常識からすれば、こうしたオルタナティブの先頭に立って反対運動を組織する中心にあるのは労働組合である。ところが、日本最大規模の労働組合組織「連合」は、その主流派が政権・財界と一体になってＴＰＰ・原発を推進するという、先進国ではきわめて特異な「労働組合」であり、「農協改革」までは、農協がＴＰＰ・原発に反対する国内最大組織であった。これは見逃されがちだが、重要な結節点である。ここに、「農協改革」自体がきわめて政治的な側面を持つと確認すべきポイントがある。

しかも、農協系統の膨大な事業資金は、協同組合組織として循環・確保されており、株式会社の組織・資金のように、国内外の外部資本が買収などによって市場介入することは基本的に不可能である。日本郵政公社が株式会社として民営化された今日、グローバル市場経済における農協の協同組合組織としてのこの特性は、国内資金を国の中にとどめ、国際金融市場に流出させない「最後の砦」であると言っても過言ではない。

「農協改革」は、こうした事業と組織・運動を有し、農業・地域を守ってきた農協を、安倍政権が「障壁」「岩盤」などと誹謗し、官邸主導による上からの解体を宣言して展開されたものである。その主体は、アメリカをはじめグローバル多国籍企業の意を受けた市場原理主義的な安倍政権と、ＴＰＰ・原発推進を含めて政権・財界の意図を忠実に政策に反映せんとする規制改革会議という首相諮問による組織である。

要求などによる「規制緩和」「民営化」の推移

	険事業化」を強制。一部事業は廃止へ追い込まれる。
2006年	医療保険「改革」(健康保険法改定) 国民皆保険の弱体化による日本の医療システム破壊と市場原理医療の導入要求(混合診療自由化、医療の国家負担の縮小)。
2010年	沖縄県普天間基地の県外移設断念と辺野古・高江への新基地建設 鳩山政権に対する日米合同での意図的な情報操作により、首相が判断を誤る。その後安倍政権の辺野古・高江基地強行着工以降、基地問題は泥沼化。
2010年	TPP 交渉参加表明/2013年交渉参加/2015年大筋合意/2016年国内批准/アメリカ・トランプ政権の離脱で「アメリカ抜き TPP11」を検討中 TPP 前段:自動車譲歩・軽自動車税改定/薬価公定制/かんぽ生命 AFLAC 提携。国内批准前提の法整備で「あらゆる自由貿易協定にも対応しうる体制」が完成。
2015年	農協法改定 非営利条項廃止、農協中央会「解体」、株式会社や単協の代理店化への移行推進。→「郵政民営化」に続く農協系統資金の海外流出の可能性?

上記の動きのたびに翼賛的なマスメディアによる後押しと、「守旧派攻撃」が展開され、市民のマインドコントロールにより施策が進められていった。

(出典)菊池英博「TPPは日本国民の金融資産の簒奪をねらうアメリカ仕立てのトロイの木馬だ」(農文協編『TPPと日本の論点』農山漁村文化協会、2011年、65~73ページ)、坂田和光「企業再編制度の整備の沿革―持株会社の解禁と三角合併解禁を中心として―」(『レファレンス』2008年8月号、29~51ページ)などに加筆し、作成。

「農協改革」に至る経過

今回の政府主導による「農協改革」は、二〇一三年九月一〇日の規制改革会議農業ワーキング・グループ(WG)で「農協のあり方」が提起されたことに端を発し、二〇一四年五月の同会議作業部会で「農業の改革案」の提案がされ、わずか半年足らずの間に「決着」して法制化された。これに対しては、自民党内の一部農林議員からも「短兵急に事を急いだ」と批判されている。(7)

表1－5　2015年「農協改革」に至るアメリカの対日

1996年	人材派遣の「自由化」(＋2002年、2015年改定) 雇用不安定化と実質賃金減／人材派遣企業の利害代表者：竹中平蔵らの利益に。
	建築基準法改定／都市計画法改定 都市計画を重視しないタワーマンション乱立。
1997年	独占禁止法改定／2005年会社法改定 持株会社解禁／国境を越えた企業買収における三角合併の認可。
2000年	大規模小売店舗法(大店法)の廃止 大型店乱立により日本中がシャッター商店街化。
2001年	農協法改定 第1の規定を信用事業から営農指導事業に変更。農協の地域協同組合的側面を否定し、「農業者の職能組合」の性格を強化。
2004年	法務制度「改革」～「裁判員」制度導入 アメリカの陪審員制度要求を「裁判員制度」で受け入れ／将来的な外国人弁護士の活動範囲拡大に道を開く？
2005年	独占禁止法改定：公正取引委員会の権限強化 課徴金減免制度や調査権限を導入・強化：談合の摘発、罰則強化・検察権限付与→競争入札を一律的に優先させる。
	郵政民営化 黒字経営の郵政公社をアメリカの強い要求で分社化・民営化／株式上場で300兆円余の国内資金が海外流出の可能性？
	保険業法改定、2010年保険法施行 共済と保険の法的同質化(イコールフッティング)。農協共済などは一部適用除外も、一方で健全に運営されてきた自主共済を規制し、「保

しかし、この流れは表1―5に示したように、決して「短兵急に」起こったものではない。

自民党で小泉政権を中心に新自由主義的・市場原理主義的な政策が中心に据えられた一九九〇年代後半以降、市民生活のすべてといってよいあらゆる分野で、さまざまな規制緩和と民営化の流れが強力に形成されてきた。これを進め、支えてきたのが、首相の諮問機関である規制改革会議である。そして、同時並行する形で、規制緩和に抵抗する農協への攻撃も、新自由主義的政策が中心に据えられた一九九〇年代以降、おおむね二〇年以上にわたって一貫して展開されてきている。とくに、規制改革会議が第二次安倍政権で復活して以降、政権のバックアップを受けながら、政権の繰り出す政策に「お墨付き」を与える強力な活動を展開してきた。

具体的には、アメリカの対日要求(在日米国商工会議所「意見書」など)に基づく農協の共済事業における保険との同質化(イコールフッティング)をはじめ、利潤動機の株式会社事業・組織を唯一絶対なものとし、相互扶助による非営利性という協同組合の組織特性を否定する「独占禁止法適用除外」の提言、戦前の産業組合以来の歴史的必然性と背景を矮小化し、農協が地域で総合的な事業展開を行うことを問題視する「信用・共済事業分離論」などである(8)。

規制改革会議の「農業改革提案」

これらに一貫していたのは、市場原理主義と農業経営規模拡大による「構造改革」の盲信・絶対化である。同時に、「農業の構造改革が進まないのは、農協が政治力を発揮して兼業・小規模家族経営を温存し、構造改革を阻害したため」などと、農政失敗の責任を国ではなく農協に押しつける論調であった(9)。要するに、農協が協同組合の組織原理に基づき、組合員＝家族経営と地域を防衛する立場を代弁していること自体への圧力であったのである。

とりわけ規制改革会議は、「農協はそれぞれの事業を分割し、独立採算にして、効率よく運営することが消費者保護になる」として、農協の「総合性」への攻撃を一貫して加え続けてきた。そして、二〇一四年五月の作業部会で、「収益性の高い農業の実現のため」「各農協が自主的に単独または連携して戦略を策定し、実効的に成果を上げることができる仕組みをつくる。不要なリスクや事務負担を軽減して経済事業の強化を図る」「これを以て、農業・農村の所得倍増を図る農業改革を進める」として、提案をまとめるに至った。この骨子は、以下のとおりである。

①農協中央会制度の廃止

単協が独自性を発揮し、自主的に地域農業の発展に取り組むことができるよう、系統組織を再構築するため、農協法に基づく中央会制度を廃止する。

②全農の株式会社化

ガバナンスを高め、グローバル市場における競争に参加するため、全農を株式会社に転換する。

③単協の専門化・健全化の推進

単協が農産物販売に全力投球し、農業者の戦略的な支援を強化するため、信用事業は農林中央金庫（信用農業協同組合連合会）に移管し（業務の中止、代理業への移行のいずれかを選択）、共済事業は代理業に移行する。

④理事会の見直し

理事への外部者の登用など多様化を図り、その過半を認定農業者および地域内外の民間経営経験があり実績を有する者とする。

⑤組織形態の弾力化

単協・連合会組織の分割・再編や株式会社、生協、社会医療法人、社団法人などへの転換を可能にする。

⑥准組合員制度の見直し

准組合員の事業利用を正組合員の二分の一以下に規制する。

これらの提案のベースにあるのは、「全中の指導や監査が単協の自由度を縛って」おり、そのことが「農業・農村の所得向上を阻害している」などという実態を無視したものである。これに基づき、全中の解体、全農の株式会社化による協同組合組織特有の独禁法適用除外＝価格交渉権の喪失、代理店化による信用・共済事業の事実上の分離、准組合員事業利用制限など事業規制の一方、地域農業者以外による組織支配の容認など、「農協系統（ＪＡグループ）の全面解体」というべき提案であった（全農の株式会社化については第2章で詳細に分析する）。

これらの提案は、協同組合の役割・機能自体を否定した協同組合総体への攻撃であったが、これらによって、なぜ農業・農村の所得が向上するのか、そのプロセスすら、説得力ある根拠はまったく示されていない。

規制改革会議の委員は、議長の岡素之・住友商事相談役以下、大企業トップや新自由主義的

表１−６　規制改革会議委員

氏　　名	肩　　　書
安念潤司	中央大学法科大学院教授
浦野光人	株式会社ニチレイ相談役【農業ワーキング・グループ座長代理】
大崎貞和	株式会社野村総合研究所主席研究員
大田弘子	政策研究大学院大学教授【議長代理】
岡　素之	住友商事株式会社相談役【議長】
翁　百合	株式会社日本総合研究所副理事長
金丸恭文	フューチャー株式会社代表取締役会長兼社長【農業ワーキング・グループ座長】
佐久間総一郎	新日鐵住金株式会社代表取締役副社長
佐々木かをり	株式会社イー・ウーマン代表取締役社長
滝　久雄	株式会社ぐるなび代表取締役会長
鶴　光太郎	慶応義塾大学大学院商学研究科教授
長谷川幸洋	東京新聞・中日新聞論説副主幹
林いづみ	桜坂法律事務所弁護士
松村敏弘	東京大学社会科学研究所教授
森下竜一	大阪大学大学院医学系研究科教授

（出典）内閣府HP（http://www8.cao.go.jp/kisei-kaikaku/kaigi/index.html）最終確認2017年11月23日。

な立場の大学教員らで占められている（表１−６）。とくに、農業ワーキング・グループ座長を務める金丸恭文は情報システムのコンサルタントが主な事業で、食品スーパーなどを経営している。「国内農業が右肩下がりの状況では、現状維持こそ過激な考え方だ」と記者会見で述べ、全農の株式会社化について『スーパーに出資するなど販路を確保してはどうか。株式会社のほうが資金調達は容易だ』と語っている」[10]という報道にみられるように、自らのビジネスチャンス拡大という利害に直結した提言だとの批判も根強い。

さすがにこの「提案」はそのままの形で通過せず、二〇一四年六月以降に自民党農林議員の「押し返し」が始まった。これによって全中は「自立的な新たな組織に移行する」が、全農の株式会社化は「選択制」となるなど、農協組織の自主性に一定配慮した修正が施される。同時に、二〇一五年の統一地方選挙などを控えていたことから、その後もさまざまな「攻防」が展開された。しかし結局、農協法改定に盛り込まれた骨子と運用を一部修正するのみで、二〇一五年三月二六日に自民党が了承、官邸と規制改革会議の意向が強く反映した内容に落ち着いたのである。

全中の機能は新法人に引き継がれ、都道府県中央会は連合会に移行後も、JAバンク法（農林中央金庫及び特定農水産業協同組合等による信用事業の再編及び強化に関する法律）の改定により引き続き単協破綻防止などの役割で同法に位置づけられた。農協系統組織の柱は辛うじて担保され、農協側も大局的には「やむなし」の形になる。規制改革会議側はこうした結果について「不十分」などの批判を展開したが[11]、最終的にこの骨子により農協法が改定されることとなった。

二〇一五年農協法改定のポイント

①農業所得の増大への配慮と自主的組合運営の明確化（第七条、第一〇条の二）

農協・連合会の事業目的に、「農業所得の増大に最大限の配慮をしなければならない」「農畜産物の販売(中略)事業の的確な遂行により高い収益性を実現し、(中略)事業の成長発展を図るための投資又は事業利用分量配分に充てるよう努めなければならない」を加え、さらに組合は事業を行うにあたって組合員に利用を強制してはならないとした。

②非営利条項の削除(旧第八条)

旧第八条の「非営利条項」を削除した。

③理事などの構成変更(第三〇条)

理事の過半数を「認定農業者」または「農畜産物販売……法人の経営等に関し実践的な能力を有する者」とし、経営管理委員を置く農協にあっては原則として経営管理委員の過半数が認定農業者でなければならないとした。

④協同組合以外への組織変更(第七三条の二～第九二条)

選択により、新設分割および株式会社(信用・共済・経済事業全体を想定)、一般社団法人(指導事業を想定)、消費生活協同組合(生活・購買事業などを想定)、社会医療法人(医療・福祉事業などを想定)への組織変更を可能とした。

⑤全国農協中央会(全中)の廃止と都道府県中央会の連合会移行(旧第三章、附則第九条～第二七条)

農協中央会規定の第三章を全面削除し、全中を一般社団法人に移行し、「都道府県農協中央会は連合会に移行することができる」と明記した。

⑥会計監査人の設置（第二七条）

一定規模以上の信用事業を行う農協については、二〇一九年九月までに公認会計士または監査法人による会計監査を義務づけ、現行の中央会監査機能は当面選択制とし、二〇一九年一〇月より公認会計士監査を義務づけた（業務監査は任意）。

⑦准組合員の利用規制の検討（附則五一条二項、三項）

准組合員の利用量規制は「改正」法施行後五年間調査して検討し結論を得る、とした。

農協の自己改革と「全農改革」、農業競争力強化支援法の成立

農協法改定の過程では、「農協は小規模農業者を温存し、今後の農業を担うべき『担い手』支援が不十分である」「農業資材販売価格は割高であり、農協の経営努力が不足している」といった批判が集中した。ディスカウント店の販売価格が、当初から持続可能性を無視したダンピング価格である例が多いなどの実情を無視したり、最初から農協攻撃を目的とする不当な批判もあったが、量販店との価格競争を最初から放棄するなど農協の努力不足もあり、反省すべき点が含まれていたことも事実である。

そこで、二〇一五年一〇月の第二七回農協大会では、「農協改革」に対応した「自己改革」を掲げて、批判に応えることになった[12]。農協が「食と農を基軸として地域に根ざした協同組合」であると宣言して、「農業者の所得増大」「農業生産の拡大」「地域の活性化」を掲げ、重点実

施として以下の九分野を設定している。

①担い手経営体のニーズに応える個別対応
②マーケットインに基づく生産・販売事業方式への転換
③付加価値の増大と新たな需要開拓への挑戦
④生産資材価格の引き下げと低コスト生産技術の確立・普及
⑤新たな担い手の育成や担い手のレベルアップ対策
⑥営農・経済事業への経営資源のシフト
⑦農協事業を通じた生活インフラ機能の発揮、「農協くらしの活動」を通じた地域コミュニティの活性化
⑧正・准組合員のメンバーシップの強化
⑨准組合員の「農」に基づくメンバーシップの強化

このうち、②は組合員の一層の所得向上を図るための市場需要に応じた生産対応、⑦はガソリンスタンドから葬祭事業に至る生活購買事業の強化による組合員の一層の生活支援を意味する。また、⑧と⑨は正組合員の農協組織への結集を強化するほか、准組合員も単なる事業利用者とするのではなく、第４章の事例に見られるような「農」への参加促進などを強化して農協活動に積極的に参加してもらうなど、メンバーシップの強化を意味する。

これらは、多くの農協ではるか以前から取り組まれてきた事項ばかりであるが、「農協改革」

の前に再度補強して推進宣言した形になっている。そして、農協法改定で示された諸課題に対して、たとえば名指しで「株式会社化」を強制された全農は、二〇一七年三月に米の直販比率引き上げや中古農機の販売促進といった事業改革方針による自己改革を提示し、株式会社移行を拒否した。

一方、二〇一七年の通常国会では、二〇一六年一一月にまとめられた「農業競争力強化プログラム」を法制度で後押しする「農業競争力強化支援法」が成立した。同法は、「良質かつ低廉な農業資材の供給」「農産物流通等の合理化」の両面から資材コスト・流通コストを引き下げて農業所得の向上を図ることを目的としつつ、生産資材業界や流通加工業界の再編によって新規参入を促進する内容となっており、短期間で成果を上げるよう「行政が定期的に調査を行う」ことなどを明記している。

そこには、煩雑で労力がかかる点に批判のあった野菜の市場出荷規格の見直しなど、前向きな要素もある。だが、内容自体が全農に対して「さらなる改革を迫る」もので、農協事業を参入障壁の「仮想敵」と位置づけつつ、政府による農業者への介入という色彩も濃くなっている。法案の議論では、政府は地域に合わせた肥料銘柄の多さが在庫コストを引き上げているなどと述べたが、地域の肥料業者などは農業者のニーズに合わせて銘柄を増やしてきた側面もあり、大手業者へのシフトをうかがわせる側面も強い[13](なお、一連の「全農改革」の問題については第2章で詳述する)。

「農協改革」後のさらなる展開——酪農・乳業から林業、漁業まで

従来、農政の重大な転換の際には、所轄官庁である農水省の「食料・農業・農村審議会」において、専門家・学識経験者とともに農協や農業団体関係者などを交えた議論を踏まえて、慎重に決定されてきた。しかし、第二次安倍政権以降は、同審議会で十分に検討した跡は見られない。農業専門家や業界関係者を意図的に排除した官邸主導の規制改革会議で、実情を無視した議論に基づく提案がなされ、ほぼそのまま法制化されるという異常な事態が続いている。[14]

こうした一連の動きは、さらに加速度を増している。「農協改革」が農協法改定で一段落した直後から、規制改革会議は「次は酪農・乳業の制度改革」として、加工原料乳生産者補給金等暫定措置法（不足払い法）の「見直し」に着手した。

これまで、農協をベースとする酪農家に対する生産者補給金を支払う不足払い法と、それを支える指定生乳生産者団体（不足払い法で定められた農協を基礎とする生乳共販団体）制度は、約五〇年間にわたり、生乳の商品特性上構造的に困難性を内包する需給調整を担ってきた。それは、酪農関係者だけでなく大手乳業メーカーにも支持され、制度としてほぼ安定的に運営されてきたと言える。

にもかかわらず、安倍政権と規制改革会議は、一時的な生乳需給の結果であるバター不足問題を誇大化して取り上げ、あたかもバター不足の責任が指定生乳生産者団体・農協と不足払い法にあるかのように世論を誘導した。[15] 農協組織に対する異常な敵対視と、乳業・食品産業など

業界関係者の意向まで無視して、制度変容を強制しようとしたのである。

その内容は、指定生乳生産者団体に出荷し、生乳計画生産のもとでリスクを負担して生乳需給調整に協力する酪農家だけでなく、リスクを負担せずに高乳価だけを「いいとこ取り」する「アウトサイダー」の酪農家にも生産者補給金を支払うという、きわめて異常で変則的なものである。結局、官邸の意向をほぼ丸呑みした形で、不足払い法廃止と畜産経営安定法改定案が上程され、二〇一七年六月の通常国会で通過した(この点については第9章で詳述する)。今後の現場の混乱が懸念される。

また、二〇一七年五月の会合では、森林・林業と水産分野について農水省からヒアリングを行うなどにより、漁業権も含めて規制改革について検討を始めた。農協に続いて、地域の漁民が合意して資源を維持管理してきた漁業権やそれを支える漁協についても、財界の意向による「改革」を要求するというのである。

さらに、二〇一七年五月二三日に出された規制改革会議の「規制改革推進に関する第一次答申」では、①全農に対し二年間で成果を上げるよう「指示」するとともに、②信用事業の農林中金への譲渡について二〇一九年五月までに「着実な自己改革」を求めている。さらに、漁業権・漁協についても、③「数量管理等による水産資源管理の充実や漁業の成長産業化等を強力に進めるために必要な施策について、関係法律の見直しを含め、検討を開始し、早急に結論を得る」などとして、介入を宣言した[16]。

そもそも、首相の諮問機関とはいえ単なる一民間団体にすぎない規制改革会議による、同じく民間団体である農協に対しての答申や、それを丸呑みした一連の強圧的な政府の指導に、いかなる根拠と合理性があるのか。二〇一七年通常国会でも問題となったこの点については、行政手続法第三二条などで「任務や所掌事務の範囲を逸脱してはならない／相手の任意の協力によってのみ実現／従わないことを理由に不利益な取扱いをしない」と定められている。つまり、現場事業者が脱法行為でもしないかぎり、強圧的な指導などは戒められているはずである。しかも、農業以外の分野においてもこの傾向は共通している。

農水省の審議会が事実上無視されていることといい、強行的手段による関係法案の成立といい、安倍政権の異常かつ独裁的な「改革」の実態が如実に示されていると言えよう。

5　「農協改革」の本質とわれわれの目指すべき視座

今回の「農協改革」をめぐる第一の問題は、政府側が最初から「全中潰し」「株式会社への移行」ありきで、地道な合意形成を図らず、強硬な態度に終始したことである。

もとより、規制改革会議の提案自体が、首相官邸サイドの意向をきわめて強く反映していた。提案に先立つ二〇一四年一月には、首相自ら「（農協のような）既得権益の岩盤を打ち破るドリルになる」として「農協解体」を宣言。さらに、提案一カ月後の六月二四日に「農協法に基づく現行の中央会制度は存続させない」とする「規制改革実施計画」の閣議決定を強行するなど、一貫して「解体」を主張し続けたのである。

こうした政府＝官邸の強硬策は、自主的な組織である協同組合とその組織原理＝協同組合原則に対する、「先進国」とは思えない国家の支配介入である。これには、国際組織であるＩＣＡ（国際協同組合同盟）も懸念を表明し、ポーリン・グリーン会長（当時）が「組合員の意思を無視したもので、協同組合の根本的な原則に攻撃を加えている」とメッセージを発するなど、国際的に注目を集める事態ともなった(17)。

一方で、目的であるはずの農業者の所得向上へのプロセスは、非常に抽象的である。たとえば、全農を株式会社にして独占禁止法の適用除外をはずすことや、全中の力を弱めることが、どうして農業者の所得向上になるのか。議事録を読み直しても、まったく理解できない。非営利条項の削除による協同組合要素の脆弱化と農協自体の弱体化によって、「儲かる分野」に新規参入しようとする民間事業者のハードルを下げようとする意図が、鮮明になるのみである。

冒頭で述べたように、協同組合の存立価値は、大資本の市場支配で不利な立場にある農業者など小規模事業者が、共同販売と価格交渉権などにより対等な取引を実現しようとするものである。グローバル経済の進展のもとでは、こうした機能がますます重要になることはいうまでもない。だが、信用・共済・経済事業のすべてを株式会社化してしまえば、小規模事業者を保護する機能はまったく失われる。しかも、今後とも信用・共済事業の分離、全農の株式会社化など協同組合機能を後退させる要素が残存し、さらなる法改定も言われるなど予断を許さない。経済実態を的確に認識し、慎重に政策を決定すべき政府が、最初から「全中潰し・農協解体ありき」といった「協同組合否定原理主義」的な政策決定を強行したことは、きわめて問題であった。

第二の問題は、総合農協が地域で果たしている役割の否定と矮小化である。日本の総合農協を規定する農協法は、増田佳昭らの整理によれば、「共益・自助」を基本原理にしながら「組織法／農業法／業法／その他」といった四つの複合的要素があるとされる(18)。さらに実態としては、冒頭に掲げたように准組合員など組合員の多様化やメンバー以外の地域住民を含めたセーフティネットも支えるなど、「他助・公益」の要素も取り込んでいる。

これに対して、規制改革会議など政府・財界の今回の動きは、農協のこうした地域に広がる多面的な機能を無視するものである。そして、「農業法」(農業者の職能)機能のみに役割を限定し、その他の事業分野を取り込もうとする特定大企業の利害を強く反映したものと言える(この点については第3章で詳細に論じたい)。

第三の問題は、農協系統の自主的な運動に対する支配介入である。われわれは、二〇一七年一一月時点で政権の座にある安倍政権が、「TPP反対・慎重対応」を公約にして地方で大きな支持を集めて政権に返り咲きながら、それを覆して交渉に参加し、「聖域」を守らなかったこと、農協系統が一貫してTPP反対を表明してきたことを忘れてはならない。

ＴＰＰは、アメリカのトランプ大統領当選で一旦フリーズした[19]。しかし、アメリカの対日貿易における関心事が、農業はもとより多国籍資本における投資自由化のニーズを充足する知的財産や医療、金融・保険分野にあることは、基本的に変わっていない。農協系統組織の非営利事業・組織の弱体化は、全農の食料・農産物管理機能や巨額の信用・共済事業など農協系統金融資産が投機的な国際市場に直接さらされる危険が高まることを意味する。今回の「農協改革」が、ＴＰＰに代表される自由貿易を推進する側の狙いに呼応するものでなかったと断言できるだろうか。

もちろん、こうした事態に至るまでには、農協系統組織の側にもさまざまな弱点と不十分性があったことは否めない。広域合併や事業推進など事業・組織のあり方とその問題点については、筆者らも以前から指摘してきている[20]。

だが、今回の「農協改革」は、政府が言うような単なる「組合員の農業所得向上のための農協組織の見直し・改善」というレベルにはとどまらない。世界的に認められている協同組合組織・事業と役割そのものに対する攻撃である。また、「ＴＰＰ、原発」という国を左右する二つの大きな問題、すなわち「自由貿易をこれ以上拡大させることが、本当にわれわれの利益になるのか」という経済政策と、「破壊的で持続不可能な原発を、今後もエネルギー源としていいのか」というエネルギー政策の結節点において、政権に異を唱え対案を提起する国内最大の民間団体に対する攻勢と圧力である。それゆえ、きわめて政治的な色彩が濃いものなのである。

以上をまとめよう。現政権は協同組合としての農協に対し、事実上「解散命令」をしているも同然なのであり、すべての農協関係者は、この事実を冷厳に捉える必要がある。そして、政権党の体質がかつてとまったく異なっている現状を踏まえれば、われわれの目指すべき方向は、政権党に必要以上に頼ることではない。改めて農業者・消費者が地域で真に自立し協同する「協同のための農協」を再組織することと、そのための運動と事業化にあるのではないだろうか。以下、それを各章で検討していきたい。

（1）ＪＡ全中編『ＪＡファクトブック二〇一七』ＪＡ全中、二〇一七年。
（2）高橋巌「最近の協同組合論の動向と展望―地域におけるＪＡの『位置』を考える―」『共済総合研究』二〇号、一九九六年、六五～八一ページ。河野直践『産消混合型協同組合――消費者と農業の新しい関係』日本経済評論社、一九九八年、ＪＣ総研『新協同組合とは(三訂版)――そのあゆみとしくみ』ＪＣ総研、二〇一七年。最近の論考は、北出俊昭『農協は協同組合である――歴史からみた課題と展望』筑波書房、二〇一四年、農文協編『農協准組合員制度の大義――地域をつくる協同活動のパートナー』農山漁村文化協会、二〇一五年、など。
（3）農協の移動信用購買車は、山口大島農協の事例を第6章で紹介する。
（4）田代洋一「協同組合としての農協の課題」田代洋一編『協同組合としての農協』筑波書房、二〇〇九年、二五九～三〇九ページ。なお、農協広域合併をはじめとする事業・組織への批判は、同書など田代の一連の著作、太田原高昭『新明日の農協――歴史と現場から』(農山漁村文化協会、二〇一六年)などに詳しい。筆者の現場体験に基づく農協事業・組織における総合的な問題点に関する各種提言は、本書第3章のほか、非公刊文献であるが以下にまとめてある。高橋巌「汝、現場の汗と涙を忘れることなかれ─私の至らない農協系統生活一九年間への自戒の念を込め─」『共済仲間の談話室』第二二号、全共連平河会、二〇〇五年(非公刊)。

(5) 三橋貴明『亡国の農協改革──日本の食料安保の解体を許すな』飛鳥書房新社、二〇一五年。

(6) 大田原、前掲(4)、二一九~二二五ページ、北原克宣「「制度としての農協」の終焉と転換」小林国之編著『北海道から農協改革を問う』筑波書房、二〇一七年、五三~七一ページ。「制度としての農協」については、終章で改めて論じる。

(7) 二〇一五年二月一二日の『日本農業新聞』ほか新聞報道による。「農協改革」に関する当時者のまとめは、馬場利彦「農協法制度改正の概要と問題点」『農業法研究』五一号、二〇一六年、二一~四一ページ。

(8) こうした対日要求は数次かつ多岐にわたる。共済事業に関する直近の例として、在日米国商工会議所(ACCJ)「共済等と金融庁監督下の保険会社の間に平等な競争環境の確立を」(二〇一五年一二月)がある。ここでは外資系保険会社と共済とを完全に同列にせよと迫っている(橋本光陽・相馬健次・高橋巌・中川雄一郎「座談会・共済事業の今後とTPPの共済への影響」『いのちとくらし研究所報』第五四号、二〇一六年、六ページ)。

(9) 神門善久『日本の食と農──危機の本質』NTT出版、二〇〇六年、山下一仁『農協の大罪──「農政トライアングル」が招く日本の食糧不足』宝島社新書、二〇〇九年、同『農協の陰謀──「TPP反対」に隠された巨大組織の思惑』宝島社新書、二〇一一年、同「ようやく一歩踏み出した─解体的な改革突きつけられた農協─」『改革者』二〇一四年七月号、など。

（10）日本農業新聞の一連の報道、および http://www.jacom.or.jp/news/2014/05/news140520-24218.php（最終確認二〇一四年六月一日）ほかによる。

（11）民進党（当時）はじめ野党の多くは、農協の地域に果たす役割を一定評価し、政府の法案を批判・反対してきたが、「首相は譲歩し過ぎ、「改革」は「不十分」」などというジャーナリズムの論調も目立つ。たとえば、リチャード・カッツ「安倍政権の農協大改革は、羊頭狗肉である」『週刊東洋経済』（電子版）二〇一五年三月七日 http://toyokeizai.net/articles/-/62074?page=2（最終確認二〇一五年三月七日）。

（12）前掲（1）ほか。

（13）岸本周平「農業競争力強化支援法案について」二〇一七年 http://www.huffingtonpost.jp/shuhei-kishimoto/agriculture-competition_b_15856302.html（最終確認二〇一七年六月二日）ほかによる。

（14）『日本農業新聞』二〇一七年五月三一日。

（15）政府や規制改革会議の直接の広報ではないが、たとえば、二〇一六年一一月二二日テレビ東京系列放送の「ガイアの夜明け〔〝巨大〟規制に挑む！～明かされるバター不足の闇～〕」は、官邸・規制改革会議の意を全面的に体した典型的な翼賛番組である。

（16）規制改革推進会議「規制改革推進に関する第一次答申～明日への扉を開く～」二〇一七年五月二三日。

（17）『日本農業新聞』二〇一四年五月二八日。

（18）増田佳昭「転換期を迎える農協制度―農協法の多面的性格と制度改革の課題―」増田佳昭編『大転換期の総合JA――多様性の時代における制度的課題と戦略』家の光協会、二〇一一年。

（19）二〇一七年一一月現在、アメリカを除く一一カ国による「TPP11」が交渉されており、一定の妥結が示されたと報道されているが、その全容と帰結はまだ明らかになっていない。

(20) 前掲(4)。

＊本章および終章は、高橋巌「『農協改革』の動向と我々が目指すべき改革の方向」(『月刊NOSAI』六七巻五号、二〇一五年、三三〜四二ページ)をもとに、その後の変化と農協事業の現況などを加え、全面的に加筆修正したものである。

第2章　全農「株式会社化」の意味するもの
――オーストラリアにおける酪農協同組合「改革」の顛末に学ぶ

小林信一

1　最後のフロンティアの解体を狙う農協法の改定

二〇一六年四月に改定農協法が施行された。その結果、全国農業協同組合中央会（全中）は農協法上の地位を失い、移行期間後の二〇一九年一月から一般社団法人となることが決まった。一方、全国農業協同組合連合会（全農）の組織形態については、ひとまず株式会社化は選択制とされたが、将来に含みを残している。

今回の法改定は、二〇一四年五月の規制改革会議による「農業改革に関する意見」を踏まえたものである。規制改革会議は、日本の農業が「農業者の高齢化や次代の後継者問題、受け手を必要とする遊休農地や耕作放棄地の増加など、農業を巡る環境は危機的状況にある」として、農業改革を断行するとしている。その柱は、①農業委員会等の見直し、②農業生産法人の見直し、③農業協同組合の見直しの三つである。

農業委員会については、戦後民主主義最後の直接選挙制を残している選挙制度を廃止し、教育委員と同様に市町村長の任命制にする。さらに、都道府県農業会議と全国農業会議所の廃止も、盛り込まれている。農地を所有できる農業生産法人については、役員要件を「過半数が農作業に従事」から「役員又は重要な使用人のうち一人以上が農作業に従事」とした。また、農業関係者以外にも出資を認めている。

本書のテーマである農協については、①農協法に基づく中央会制度の廃止、②全農の株式会社化、③単協の信用事業の中止、代理業への移管、④単協や連合会の分割・再編、株式会社化、社会医療法人、社団法人などへの転換を可能にする、⑤理事へ外部者を登用し、過半数を認定農業者や民間経営経験者とする、などである(四一・四二ページ参照)。その狙いは明確で、農協の解体と農業・農村への企業進出を図ることにほかならない。郵政民営化以降の新自由主義政策の流れがついに農村にも本格的に押し寄せ、資本にとっての最後のフロンティアとも言うべき農業・農村への進出の障がいになる農協などの解体を狙ったものと考えられる。

改定農協法自体は、規制改革会議の答申を丸呑みにするものとはならなかったが、全中の一般社団法人化や監査制度の見直しなど、答申に沿った形での改悪が行われた。そのほか、焦点のひとつであった准組合員制度については五年後に再検討することにされるなど、今後さらに農協解体が進んでいくことも十分考えられる状況にある。とくに、「組合は営利を目的として事業を行ってはならない」という協同組合理念が農協法から抹消されるなど、農協の変質を推し進める布石を打っている点にも留意する必要がある。

二〇一七年六月に成立した農業競争力強化支援法など農業関連八法案も官邸主導の規制改革会議による答申に沿った内容となっており、大資本による農業分野への進出を加速させることを支援する法律となっている。農業・農村の持続的発展と食の安全を阻害し、国土の荒廃につながる恐れを持つものである。

2　規制改革会議による「全農改革」案

規制改革会議農業ワーキング・グループが二〇一六年一一月に公表した「農協改革に関する意見」によれば、「規制改革会議による平成二六年の答申以来、農協が真に農業者の利益に資する組織となるよう検討が進められ、所要の法的措置を経て、本年四月より、改正農協法の下での農協自己改革が推進されている。今般、改めて、現時点において、農協が目指そうとしている改革の方向や進捗状況を確認したところ、生産資材調達機能、輸出を含めた農産物販売機能、これらの機能を最大限発揮させるための組織の在り方に関し、さらに、取り組むべき事項を見出すに至った」とし、「農協が目指すべき改革の方向」として以下の提言を行っている。

①全農の購買事業

「生産資材メーカー側に立って手数料収入の拡大を目指しているのではないかとの批判がある」として、一年以内に仕入れ当事者とならないサービス事業へ転換を図るべきであるとする。具体的には、「外部のプロフェッショナルを登用し、生産資材メーカーと的確に交渉できる少数精鋭の情報・ノウハウ提供型サービス事業へと生まれ変わる」「農業者に対し、情報・ノウハウ提供に要する実費のみを請求することとする」「人員の配置転換や関連部門の生産資材メーカー等への譲渡・売却を進める。購買事業を担ってきた人材は、今後、注力すべき農産物販売事業の強化のために充てる」とする。

一年以内に大きく業態を変えろというのも無茶な話だが、交渉当事者でなくなった全農が、どのようにメーカーと的確に交渉できるのか意味不明である。

一方、全農が自ら担う生産資材関連事業については、「原料(肥料原料、飼料原料など)を輸入する場合は、生産資材メーカーの生産性を十分考慮して、当該原料の販売を行うべきである。全農が、農業者のために、生産資材メーカー・輸入業者に戦略的出資を行う場合は、その戦略目的を明確にするとともに、その効果を毎年明示して外部評価を受け、目的に即した効果がない場合は、出資を速やかに見直し、売却すべきである」「全農は、……出資先を特別扱いせず、購入先の一つとして公正に扱うべきである」としており、関連会社などが輸入や生産に関与することは是認している。

②全農の農産物販売事業

一年以内に委託販売を廃止し、全量買い取り販売へ転換すべきとする。そして、「全農は、農業者のために、輸出先の国ごとに、強みを有する商社等と連携して実践的な販売体制を構築すべきである（合弁会社の設立、業務提携等）。優先順位の高い国から取り組み、一年以内に主要輸出先国について販売体制の整備を完成させることを目指すべきである」とする。つまり、共販から手を引けということで、これでは協同組合ではなくなる。

③全農等の在り方

「改革を進めるため、全農は、役職員の意識改革、外部からの人材登用、組織体制の整備等を行うべきである」とし、「農業者の協同組織の原点に立ち返って、こうした改革を推進することを強く期待するが、着実な進展が見られない場合には、真に農業者のためになる新組織（本意見に基づく機能を担う「第二全農」等）の設立の推進など、国は更なる措置を講ずべきである」とまで踏み込んでいる。民間組織である全農をつぶす目的で、第二全農をつくるとまで、政府の諮問機関が言うことができるのか。一般企業にこうしたことを言うことなどあり得ないのではないか。

そのほか、①地域農協は、「農産物販売に全力を挙げられるようにするため」、自らの名義で信用事業を営む地域農協を三年後を目途に半減させる、②クミカン（組合員勘定）は、「農業者の農産物販売先を統制し、また毎年一定の期日で債務の完全返済を義務づけるため、農業者の経営発展の阻害要因となって」いるとしてクミカンの即時廃止、③准組合員の利用規制の調査の加速化、④指定生乳生産者団体機能の廃止（牛乳・乳製品の生産・流通等の改革に関する意見）などを提言している。

さらに、国は「このような農協の改革が、つつがなく進むよう、引き続き、改革を推進し、必要な対応をとるべきである。今後の農協の自己改革の進捗状況によっては、国として、その改革の実現を確実にするためのあらゆる措置を講ずべきである。規制改革推進会議も農協改革のフォローアップを引き続き行う」としている。

規制改革会議の答申は、農協改革にとどまらず、現状を知らず、あるいは故意に無視して、一方的・独善的に「改革」を迫るもので、現場に大きな混乱をもたらすものである。しかも、何の法的根拠もないまま、首相のお墨付きのもと、公務員法の改訂によって監督官庁の幹部人事を官邸が握ることで、関係省庁にも有無を言わさないやり方であり、独裁的な傾向が強い。民主主義の危機と言える状況である。

3　全農自主改革への危惧

一連の規制改革会議の意見に対し、農協側は二〇一六年一一月二一日に一五〇〇〇人集会を開催して、①自主・自立の協同組合の理念に反するもので、認めることはできない、②今後の与党取りまとめに反映されることを認めることはできない、などの「JA自己改革に関する決議」

を行っている。その一方で、同年九月に組織決定した「『魅力増す農業・農村』の実現に向けたＪＡグループの取り組みと提案」に基づいて、二〇一七年四月に、前月の全農臨時総代会で決定した「年次計画（事業改革）」に連動した、全農に関する「重点事項等具体策」を発表した。

その基本的な考えは「農業者の所得増大のため、営農指導を強化し、小売・メーカーとわたりあう組織として共同販売・共同購入を徹底する」というもので、生産者手取りの拡大のため、共同販売により、ニーズに応じた生産と直接販売等を拡大するとしている。

たとえば米穀事業では、事業方式を見直して主食米の取り扱い比率を二〇一六年度の三七％から二〇二四年度には九〇％とすることを目標とした。しかし、主食米の取り扱い比率がかつての九割台から三割台に低下しているとはいえ、ほとんどを買い取りにするということは、共販からの撤退を意味するのではないか。これでは、規制改革会議の意見に従うことになる。規制改革会議は、共販では、全農は手数料を取るのみでリスクを負わないから、買い取り方式にすべきと主張するが、これは共販に対する無知以外の何物でもない。

もし、全農が農家から米を買い取って卸などに売り渡すようになれば、農家あるいは農協と全農は、売り手－買い手の関係になる。つまり、一方はより高く売りたい、他方はより安く買いたいという、利益が相反する関係である。仮にそうなれば、全農は自らの経営を最優先し、農家からより安く買い取ろうとするだろう。

委託販売はともに販売先に向き合う関係であり、高く売れれば手数料が多くなり、低価格では少なくなる。また、委託量が多くなれば手数料も多くなる。リスクをまったく負っていないわけではなく、一蓮托生の関係と言える。購買事業では、農家に高く売れば確かに手数料は多くなる。だが、商系の会社との競争下では取扱量は低下し、結果として手数料も少なくなる。

全農の自主改革が、真に協同組合主義に基づいたものとならず、その変質を進めるものとなるのではないかとの危惧を抱かせる。

4　オーストラリアにおける酪農協同組合の解体過程

『読売新聞』は二〇一五年一月二四日の朝刊で「農協改革　JA内温度差」と見出しをつけ、全農幹部が現行の組織体制の維持を求めつつ、「株式会社化は重要な選択肢の一つ」と述べたとして、「全農は柔軟姿勢」という見出しつきで報じた。これは最終的に誤報であり、同紙は後に訂正稿を掲載している。一方、同年四月八日の『産経新聞』では、株式会社化を可能とする規定に関連して、全農理事長は「近々に株式会社化を検討することはしない」と述べる一方、検討する際の条件として「大きな資金調達が必要になったときだが、現状はそうした状況にない」と説明したという。

しかし、オーストラリアの酪農協同組合は、外部資金の調達ができるように組織形態を変更したが、経営に失敗し、多国籍企業等に買収されたのである。

オーストラリアの農業部門では、酪農業はもっとも保護され、規制されていた。たとえば、州ごとに法律に基づいた権限を持つマーケティングボードが設置され、その下で、州内の生産者、卸、小売り乳価を完全にコントロールし、州間の生乳・牛乳移送は禁止されていた[1]。その後、新自由主義を信奉する政権の出現で徐々に規制が緩和されたが、二〇〇〇年に完全に規制が緩和されるまでは、州ごとの生産者価格の統制、州間移送の規制、連邦マーケティングボードによる全生乳生産者からのレビー（賦課金）の徴収と輸出補助金としての活用による「南北戦争」の抑制などが行われてきた。

「南北戦争」とは、酪農の中心地で南に位置するヴィクトリア州と、その北に位置するニューサウスウエールズ州などとの対立を指す。二〇〇〇年当時、全国の約六割の生乳を生産し、生産性がもっとも高いヴィクトリア州は、生産量に対して州内の消費量が少なく、加工原料仕向比率が高いため、州間移送が規制されている状況では乳価が低くならざるを得ない。輸出比率も高いことから、国際的な乳価変動にも大きく影響されてきた。一方、シドニーなど最大の消費圏をかかえるニューサウスウエールズ州は、飲用仕向比率が高率のため乳価が高く、安定していた。それゆえ、各州の酪農を維持し、ヴィクトリア州の酪農を支えるために、レビーを徴収し、輸出補助金に使ってきた。

しかし、自由貿易協定を結ぶニュージーランドとの競争もあり、ヴィクトリア州はレビーを受け取るより、乳価の高い飲用仕向比率をニューサウスウエールズ州への移送によって高めるほうが有利との判断のもと、レビー体制からの脱退を表明した。そのため、二〇〇〇年からはすべての保護が撤廃され、州ごとのマーケティングボードが廃止され、州間の生乳・牛乳移送も自由化された。

ただし、その後一〇年間は全生産者に対して、小売り牛乳の売上額を原資とした賠償支払いが行われた。その額は出荷乳量によって異なるが、単純に計算すると一〇年間で一酪農場あたり約一〇〇〇万円に達した。これには、酪農の衰退は地域経済に打撃を与えることから、産業構造を変えるための補助金（たとえば乳業工場を他の部門に変えるなど）も含んでいる。

こうした規制緩和の結果、競争が激化し、ヴィクトリア州の生産シェアがさらに高まるとともに、ニューサウスウエールズ州を中心に多くの家族酪農経営が経営中止に追い込まれる一方、激烈な規模拡大が行われた。さらに、酪農協同組合も「競争力強化のため」外部資本を導入することが認められた。

当時、ヴィクトリア州とタスマニア州の約三〇〇〇戸が加盟する酪農協同組合ボンラックは、オーストラリア第二位のシェアを有していた。規制緩和を契機に積極経営に乗り出し、経営多角化を図るため、外部資本を獲得し、多国籍企業の経営者である「経営のプロ」をスカウトして、ジュースや炭酸飲料、あるいはバイテク分野にも乗り出した。しかし、結局経営につまずき、約三兆四〇〇〇億円の負債をかかえてしまった。(2)

他の協同組合との合併も取り沙汰されたが、結局ニュージーランドの酪農協同組合フォンテラの前身であるニュージーランド・デイリー・ボードに吸収合併された。その後、同じくフォンテラの前身である協同組合系のニュージーランド・デイリーグループがオーストラリアの大手商系乳業ナショナルフーズの株式を取得したり、やはりフォンテラの前身のキウイ協同組合が西オーストラリア州の商系乳業ピータースアンドブラウンズの株式を一〇〇%取得するなど、ニュージーランドの協同組合系乳業のオーストラリア進出が続いた。

また、日本のキリンはニュージーランドのビール会社ライオンネイサン社の買収を足掛かりにオセアニアへ進出し、フォンテラと競争してナショナルフーズの買収に成功した。さらに、ナショナルフーズが酪農協同組合デイリー・ファーマーズ(約二〇〇〇戸が加盟)を買収し、オーストラリアの大手乳業メーカーとなるとともに、総合飲用メーカーとしての地歩を固めている。

このようにオーストラリアの酪農・乳業は、規制緩和を契機に、フォンテラやキリン以外にもネスレ(スイス)、ダノン(フランス)、パルマラット(イタリア)など外資の草刈り場となり、協同組合系で残ったのはマレーゴーバンのみである。生産者は拠り所となる協同組合をなくし、酪農家は基本的に個々に乳価交渉をせざるを得ないなど、その力は非常に弱くなった。しかも、現在では食料品販売の八割のシェアをスーパー二社が占める寡占状態にある。一リットル一ドルという安い値段で牛乳が売られ、マスコミに「牛乳戦争」として取り上げられるほど、生産者は廉売によるしわ寄せを受けている。

二つの主要な酪農協同組合とデイリー・ボードが合併して、九五%の生乳を集荷する一大酪農協同組合フォンテラをつくりあげたニュージーランドとは、まったく対照的である。農協改革における全農の株式会社化の行きつく先は、オーストラリアの酪農協同組合の規制緩和の結果が物語っている。

5　新自由主義に対峙する存在としての協同組合

生産者がバラバラになったら、どうなってしまうのか、世界では至るところに、こうした例が見られる。オーストラリアのＡＷＢ（オーストラリア小麦マーケティングボード）も株式会社化したが、結局カナダの肥料会社アグリウムに買収され、さらにアメリカの穀物メジャーであるカーギルに買収された。カナダの農協も「株式会社にされたとたんにスイスの多国籍企業に買収された」という。(3) 全農についても、穀物輸入を担当している子会社の全農グレインの買収の機会を得るため、穀物メジャーが全農の株式会社化を待ちかねているという観測もある。(4)

生産者の共同の力を解体しようとする試みの一つが、新自由主義の先輩である英国のサッチャー政権時代のマーケティングボード解体の先例である。「規制緩和によって生産者にも選択の余地を拡大する」という大義名分のもとで、マーケティングボードが解体された結果、乳価は低下するとともに、不安定になってしまった。当時民営化を支持した酪農家も、「失敗であった。二〇年前に戻りたい」といまさらながらに嘆いているという。(5) 日本でも同様な試みが英国にならって行われようとしている。規制改革会議の答申による畜産経営安定法改定における指定生乳生産者団体制度廃止は、協同組合解体攻撃の一環である(6)。

また、規制改革会議農業ワーキング・グループの「農協改革に関する意見」のひとつである「外部のプロフェッショナルの登用」も問題である。すでに酪農協同組合ボンラックの顛末で見たように、「経営のプロ」をリクルートした結果、経営が悪化し、買収されてしまった。大企業が経営に行き詰まり、外資に買収され続けている日本の現状を見るにつけ、企業経営者のスカウトは農協経営にとってむしろマイナスになりかねない。よしんば全農の経営にプラスとなったとしても、共販から買い取りへの移行の問題点で指摘したように、農家にとってそれがプラスになるのだろうか。

協同組合を熟知し、その目指すところをよく理解している者が経営の舵取りをしなければ、協同組合の変質につながりかねない。そうなれば、組織形態は協同組合でも、内側は株式会社ということになってしまう。全農をはじめとする協同組合は、協同組合の理念を体現する経営をしっかり行うことが肝心である。そうなっていないのであれば、そこに立ち戻ることこそが改革だろう。

農協解体攻撃は協同組合への攻撃であり、今後は生協などへの解体圧力が加わるものと考える。これまで培ってきた生協と農協との協同組合間提携のより一層の推進など、新自由主義の攻撃に対抗する戦線の構築を進める必要がある。

（1）オセアニアの酪農・乳業再編については、以下を参照。小林信一「オーストラリア酪農業における構造変化―州間生乳移送問題の背景―」『農業経営研究』二九巻一号、一九九一年。「オーストラリアの新酪農政策と規制緩和」『大洋州経済』七号、一九九三年。「オセアニアにおける酪農乳業の再編」『大洋州経済』一五号、二〇〇三年。野村俊夫「ボンラックの合併再編が不可避に」『畜産の情報』四七七号、二〇〇一年。

（2）前掲（1）。

（2）堤未果『政府はもう嘘をつけない』角川新書、二〇一六年、一四一ページ。

（4）鈴木宣弘氏の発言（『週刊朝日』二〇一五年三月二〇日号）。

（5）前田浩史「戦後酪農政策の成立と不足払い制度の構造」『畜産経営経済研究』一六号、二〇一七年、一五ページ。

（6）小林信一「規制改革会議の指定生乳生産者団体制度廃止の意味するもの」『農村と都市をむすぶ』七八四号、二〇一七年。

第Ⅱ部

地域におけるセーフティネットと農協

——総合農協における「総合性」の根拠

第3章　農協の総合的な事業展開は存続できるか
——共済事業とセーフティネットの再構築

高橋　巌

第1章では、農協組織・事業の総合的展開の歴史的背景とその意義・役割について論じた。本章では、改めて農協事業の総合性が果たす意義と役割を検証していく。ここではとくに、「信用・共済事業分離論」で取り上げられる共済事業に焦点を当て、地域のセーフティネット(1)の再構築のために、農協事業の総合性が不可欠であることをみていきたい。

1　農協事業の総合性と地域のセーフティネットの再構築

第1章で詳述したように、農協は信用事業や共済事業を単独の事業として実施したり、民間事業者のような代理店方式で営んでいるのではなく、兼営の総合事業として展開している。農家組合員は、農協を通じて販売した農産物の代金を農協の信用口座で受け取る。また、各種ローンや、生命・建物などのライフラインを保障する共済事業の掛金、農業生産資材や生活に必要な食材など生活購買の資材代金、さらに取引に基づく決済も、すべて口座からの引き落としとなる。つまり、生活の基本となる資金は農協の信用事業を介した資金循環によりまかなわれるのである。

世界的かつ深刻な金融危機に見舞われる中でも、非営利の農協組織は、総じて堅実な資金運用などによって、営農・生活資金や生活保障を担保する信用・共済事業を展開してきた。生活のもっとも基本にある信用事業と、生活保障の砦となる共済事業が安定的に運用されてきたことは、地域金融におけるセーフティネットの役割を果たしてきたことを意味している。

そして、農協の本来の事業分野では、地域農業の中心的な担い手に対する営農指導事業などさまざまな支援とともに、地産地消による地域の安全な食と農を具現化する農産物直売所の運営などにより、食と農のセーフティネットづくりに貢献している。近年の農協は、従来の市場出荷一辺倒を改め、農産物直売所をはじめ特産品の加工など、きめ細かい展開をしている例が全国的に多い。また、こうした事業を通じて保全される農地によって、ゆきすぎた都市化の抑制や緑地の提供などの適切な環境を確保する役割も果たしてきた。

さらに、近年の著しい高齢化に対しては、ホームヘルプサービスやデイサービスをはじめ、女性部の助けあい活動による福祉事業・活動、厚生連を通じた医療事業などを展開している。[(2)]
今後、担い手確保や高齢者の生きがい提供のため必要になる定年帰農の支援、それに伴う農産物直売所運営との連携など、元気な高齢者の活動の場提供と食・農が直結した重層的な課題に対応しうるのも、ほかにはない総合農協の強みであり、特質にほかならない。

これらの総合的な事業は、すでにみたとおり准組合員制度や部分的に展開されている員外利用によって、地域に開かれた「地域協同組合」として活動を展開してきている。最近は、従来は農業者が多く居住していた集落（農業集落）でも非農家世帯が増加するなど混住化が進むとともに、農協の准組合員比率が高まってきた（二四ページ参照）。

こうした実態にある現在の総合農協は、「農家の職能組合」に純化した組織ではない。信用・共済や食・農をベースに、事業利用を契機とした緩いつながり（准組合員・員外）から、集落を基礎とした強いつながり（正組合員）まで、さまざまな人びとの生活を支えるネットワーク的な地域協同組合として機能している。つまり農協は、地域の実態に適合する形で、農家組合員のみならず地域住民の生活全般を支える総合性を発揮し、非営利協同事業の展開によるセーフティネットの基礎的部分を提供していると言えよう。

以上のような農協事業と組織は、新自由主義的政策の影響のもとで不安定化・空洞化しつつあるわれわれの生活におけるセーフティネットの再構築に対応しうる質と幅を持つ。これを図で示すと、**図3－1**のようになる(3)。

すなわち、社会不安に対しては安定的な信用事業や共済事業などによるさまざまな備えが、高齢化に対しては高齢者福祉事業や助けあい活動が、食の不安や環境破壊への危惧に対しては

図３－１　地域における農協事業の総合性とセーフティネットの関係(模式図)

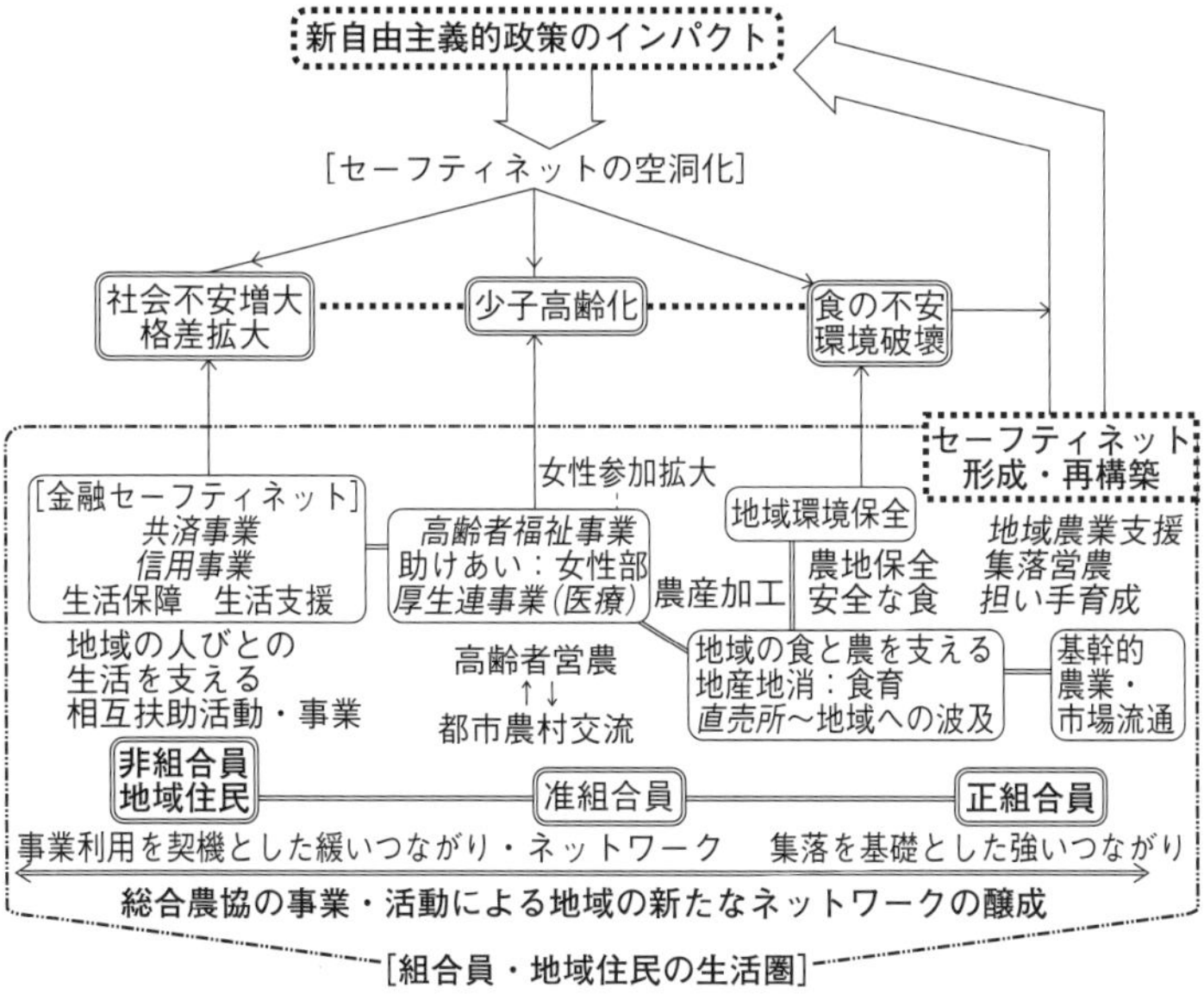

(出典)高橋巌「農村地域社会におけるセーフティ・ネットとソーシャル・キャピタル―総合農協の事業・活動事例を中心に―」(慶應義塾大学出版会、2014年、257ページ)の図を加筆修正し作成。

農産物直売所事業による地産地消の展開やそれによる農地(緑地)維持の活動が、それぞれ対応する。冒頭で述べたように、新自由主義的な政策が推進され、公的なセーフティネットが空洞化するもとでは、相互扶助をベースにし、かつ経済行為として地域の人びとの生活を支えうる非営利による総合農協の事業・活動・組織こそが、セーフティネットを再構築する重要な役割を担っており、今後ともその役割を発揮すべき位置にある。

　この総合性の具体化は、たとえば多くの共済事業利用者が単に生活保障ニーズの充足のために共済事業に加入するのではなく、顔の見える関係、すなわち自分の地域の生活を支える農協職員の勧めや、地域の生活を支える総合的な事業利用の中から共済事業の利用に至っている例が多いことなどで裏づけられる[4]。さらに、こうした利用者の多くは、農協の総合事業の維持とサービス強化を望んでおり[5]、今後とも一定の支持を得ていくと考えられる。これは、「農協の事業・活動による地域の新たなネットワークの醸成」とも表現できよう。

2　農協の共済事業の展開とセーフティネットの構築機能

共済と保険の定義の確認

共済事業に焦点を当てるに際して、共済を含む広義の保険の定義を確認しておこう。「保険」とは、「多数の経済主体から、確率計算を応用した多様な方法で、予備貨幣としての分担金を徴収し、経済的保障に関わる各種の給付を行うことによって、これを再分配する社会的制度」である[6]。このうち、生命・不動産・自動車などに対する私的保険事業(insurance)は、事故に対する保障ニーズを充足する「自助の事業」である。同時に、「危険に対するリスクを加入者相互で分散し、扶助する」という事業性格から、「相互扶助(mutual aid)」の事業ともされてきた。

今日の私的保険の事業主体は株式会社および相互会社が主であるが、協同組合や労働組合を事業主体とする「協同組合保険」も存在する。日本においては、この協同組合保険が「共済事業」と呼ばれているものの多くを占める。よって本章でも、株式会社などによる保険事業を「保険事業」、協同組合などによる保険事業を「共済事業」と呼び、両者を併せたものを「広義の保険事業」とする。

共済事業の主体を具体的に挙げると、農協による農協共済をはじめ、労働組合による「全労済」、生協による「ｃｏ－ｏｐ共済」など多様な事業者が存在する。「保険数理を応用した事業」という点では、株式会社などによる保険事業も、協同組合による共済事業も、技術的な差異はほとんどなく、法制度的には、現在では双方ともに保険業法・保険法に包摂されている。実際に、主な共済事業は保険事業に遜色のない事業内容と規模を有しており、保険事業と競合する。(7)

農協共済事業の歴史的経過――二〇〇〇年代前半までの動き

それでは、なぜ日本では、協同組合の保険事業を「保険」とせず、「共済」としてきたのだろうか。この背景には、日本の保険事業の歴史に関する特別な事情が影響している。

日本の近代保険の根拠法となったのは、一九〇〇(明治三三)年に成立した旧・保険業法である。当時の保険事業は、詐欺的な行為が相次いでいた。このため国は同法で、契約者保護の観点から、保険事業の主体を株式会社と相互会社に限定し、保険会社の設立を免許制とした。一方、戦前の非営利・協同組合組織であった農協の前身・産業組合は、既存の保険会社を「加入者の保障よりも、営利を優先する事業である」と批判。農村の困窮を救うために、非営利の「産業組合保険」、すなわち協同組合による保険事業を計画した。その運動の中心となったのは「協同組合の父」と言われた賀川豊彦である。

賀川が第二次世界大戦前に産業組合保険を強く求めた理由は、筆者らの分析のとおりである。(8)

①困窮する農村を救済するためには、資金蓄積・循環を農村に内部化し、それを農村のために使えなくてはならない。

②営利優先で農村外に事業拠点を持つ既存の保険事業では、加入しても保険会社の利潤のために使われ(資金が流出し)、農村のためには使われない。

③農村のために資金を使うには、農村を拠点とする産業組合自らが保険事業を行わなくてはならない。

しかし、戦前の産業組合は、旧保険業法の壁と、事業参入に対する保険業界の抵抗にあい、産業組合保険を実現することはできなかった。

そして、敗戦直後、疲弊・混乱する開拓地・北海道で開始された農協共済事業を皮切りに、さまざまな事業主体による「非営利の保険事業」である共済事業が始まる。(9)これらの事業は、戦前同様に保険会社の反対が強いため「保険」とは認められず、また賀川が当初構想したと言われる「協同組合保険法」も、成立させられなかった。しかし、農協のほか、漁協、生協、中小企業協同組合、労働組合など戦後に誕生した各組織に加え、ＰＴＡ・障がい者団体・医療組織・登山団体など各種協同自治組織による共済組合が、それぞれの組織系列のもとで各主務官庁から認可を受けるなどして、共済事業を展開したのである。

事業開始にあたっては、保険業界の抵抗のほか各主務官庁の認可の壁が存在したが、各共済事業の実績によって、社会的な認知とともに認可を得られた。すなわち、共済は保険としては認知されず、国からも共済事業として統一した指導監督を受ける立場にはなかったのである。共済事業は、このような経緯で成立したため、小さな互助事業から、農協共済のような大規模に至るまで、多様な相互扶助的共済事業が存在している。なかでも、農協共済や全労済など主要共済事業は大きな発展を見せた。

農協共済には、長期共済（共済期間が五年以上で、原則として満期共済金を支払うもの――養老生命共済と建物更正共済が中心）と、短期共済（共済期間が原則として一年以内で、掛け捨てのもの――自動車共済などが中心）がある。

長期共済は、加入者が最長三〇年間という長期間にわたり農協に掛金を支払い続ける。加入者はその間リスクの保障を得られ、農協にとっても長期間の収益と付き合いの持続が期待できるから、事業指標は長期共済が中心となる。二〇一五年度における農協共済の長期共済保有契約高（長期共済事業の保障金額の総和――事業規模とストックを示す指標）は、減少傾向にはあるものの約二七三兆円、新契約高は約一八兆円の規模を維持している。これらの実績は、すでに三五ページで見たように生命保険会社のトップグループにある日本生命に迫り、共済事業が国民各層から利用されている証と言える。

さらに理論的には、一九六六年の日本保険学会大会において、政策的には一九六八年の国の保険審議会において、共済事業の位置が確定された。それは①社会的弱者に対する相互扶助事業としての意義がある、②多様な特性と発展段階を承認しうる、③画一的な基準の運用をすべきではない、の三点である。[10]

共済事業の実績のもとで、保険業法は数度の改定が行われていく。そして、旧保険業法第二条で「保険事業は『不特定の者を相手方』とする保険」とされ、「協同組合等の組合員(構成員)=特定者に対する保障事業」である共済事業と、法的にも明確に仕分けされた。過去には、保険事業も相互会社などを事業主体とすることから、保険事業全体が相互扶助に基づく非営利事業とみなす議論も存在したが、この改定後は法的な整理もあり、保険事業を「営利保険」、共済事業を「非営利保険(non-profit insurance)」とすることが一般的となる。[11]

農協共済事業の生成

戦後の農協法には第一〇条第一項第八号に「農業上の災害又はその他の災害の共済に関する施設」として、共済事業が明記された。[12] しかし、これは地主制の解体に伴う旧小作人に対する援助的な要素が強かった。

こうした中で、開拓地の困窮が続く北海道では、戦前の農業保険法下における旧農業会の任意保険「農業家屋更生共済」を引き継ぐ方針が明確にされ、旧農業会解散による共済団体として、一九四八年に「北海道共済農業協同組合連合会（北海道共済連、現在の共済連北海道本部）」が設立され、本格的な共済事業が開始される。この共済事業は、不時の災害に備えるとともに、農業の生産力向上と農民の福祉向上を目指す、本格的な事業だった。農村（地域・組合員）の外部（資本）に資金を流出させずに、農村内部にストックし、地域・組合員の利益のための資金として有効に使う事業であり、賀川が唱えた産業組合保険の体現である。

この事業は、戦前同様の保険業界からの抵抗と、国が関与する農作物への共済である農業共済と一部で競合があった。そこで、政府もまた、「保険業との類似行為」として、当初は摘発しようとする。これに対して、「農協共済事業は、農協法に基づく農民相互の共済制度である」とする運動が全国で展開された。

そして、敗戦直後における農協組織はＧＨＱによる戦後の民主化支援という流れに沿っていたこともあり、農協共済事業は広範な社会的認知を得て、全国的な農協共済の事業主体である全国共済農業協同組合連合会（全共連、現在の共済連全国本部）が一九五一年に認可された。こうして、全国的に農協共済事業が実施される基盤が整備される。また、これにともない保険業界と行政に根強くあった直接的な抵抗も、基本的にはなくなった。

戦前から戦後にかけてのこうした推移をみるとき、「共済の歴史は、保険業界とその意向を受けた保険行政による共済規制の歴史であった」という本間照光の指摘[13]を再確認すべきであろう。

農協共済事業の展開と成長(14)

農協共済事業は、一九五一年度から一九六〇年度に至る最初の一〇年間で急激な伸びを記録した。当初は建物更生共済が中心で、新契約高は一九五一年度当初の約一五億円が、一〇年後には約三一一七億円にまで成長している。

この時期は、保障ニーズの充足というより、農村外への資金流出を防ぐ長期資金蓄積が目的だった。そのため、農協職員のほか集落の関係者(農協役員など)によって、総出で集落全戸の共済加入を図る「全戸加入運動」(集落全世帯を掘り起こし、共済に加入させることから「ボーリング推進」と言われた)が展開されたことに特徴がある。とくに、一九五二年度からの「養老生命共済」、一九五三年度からの「家屋更正共済(現在の建物更正共済)」が大きな役割を果たした。この二つは、いずれも長期共済の中心的なものである。

ここに農協共済は、生命保険と損害保険の両面を持つ「生損兼営」の体制が確立した。ボーリング推進は一九五八年度から本格化し、一九六〇年代を通じて集落の座談会などを活用した推進が展開されていく。

一九六〇年代以降の高度経済成長期に入ると、保険事業者との価格競争が激化し、「こども共済」「自動車共済」などの新しい仕組みの提供が開始された。この時期から、農家の兼業化の進展により、従来の農協役員らによるボーリング推進から、農協の全職員による「一斉推進方式」に移行する。

一斉推進とは、今日では限られた農協で行われている方式であり、集落や農協支所・支店単位で共済の獲得目標額を定め、全職員が推進期間中に集中して普及推進を図る。多くの場合、農協職員は、目標のノルマを達成するまで集落まわりを解除されず、集落役員・組合員もこれに協力して共済加入に応じていく。つまり、きわめて運動的な事業推進手法である。営利保険事業者からすると、真似ができない「農村集落の組織力を動員した」手法だった。こうして、農協共済全体の新契約高は一九七〇年度に二兆円に達し、一九七五年度には一〇兆円を超え、一九七九年度には二〇兆円を突破した。

一方で、共済事業はその非営利性を発揮し、共済資金を活用して、農協の厚生事業（厚生連病院）への支援や、厚生連病院などを拠点とする農村集団検診運動を展開した。この活動は、第5章で詳述する佐久総合病院（長野県）の取り組みが有名である。予防医学を普及し、農村の長寿化に大きく貢献するとともに、高齢化が進む一九八〇年代以降の高齢者福祉活動への支援にもつながっていく。また、各地の農協が実施するデイサービスセンターなどへの支援や、一九九六〜二〇〇〇年度の五年間にわたって、全共連による富士市農協（静岡県）と都城農協（宮崎県）の二農協を対象とする在宅介護・デイサービスセンターのモデル調査（筆者らが担当）など、実証的な支援も実施された[15]。

こうした地道な活動は、多くの組合員・地域住民から受け入れられており、今日の農協共済への信頼と優位性の確保につながっている。以上のように農協共済事業の展開は、地域のセーフティネット構築に貢献してきたと言えよう。

事業の成長に伴う問題点と事業ストックの減少

農協共済事業が事業量を大幅に拡大した理由は、組合員の保障需要への対応である。とくに、建物更生共済については、以前は損害保険分野になかった長期保障概念を導入した先駆性により、長期共済事業全体の事業拡大に貢献した。とりわけ、風水害時に保険事業と比較して安い掛金で保障を充実するなど、事業の優位性を発揮したことは、組合員にとって大きなメリットとなり、「農協の共済は頼りになる」という信頼確保につながった。これらは、非営利事業による利用者還元の実現である。

しかし、理由はそれだけではない。加えて、①「農協経営層が、共済事業の持つ高い収益性を認識し推進努力をした結果、事業の大きな進展をもたらした」[16]こと、②農業情勢を反映して組合員の農業経営が厳しい状況にある中で、農協の経営者が共済事業による付加収入に依存したこと、の二点が挙げられる。ただし、一部では、「組合員・利用者の必要度に応じた推進目標ではなく、農協経営上の必要性から推進目標が決定される」[17]という事態も起きた。

たとえば、農村集落の生活環境が大きく変わった後も「一斉推進」が続けられたことなどは、その一例であろう。初期のボーリング推進や一斉推進は、農村への資金ストックなどを射程に入れた「協同組合としての運動」として行われたが、当時から「性急な事業拡大」という批判がなかったわけではない。保険技術の「大数の法則」原理から言えば、初期の大幅な事業拡大が保障の体制を安定化させたことは事実である。だが、一斉推進などは、より早い時期から見直しが必要であったことは反省点であろう[18]。

農業・農協を取り巻く環境が悪化する一九八〇年代以降も、農協共済事業は堅調に推移してきた。これは、①一九五〇～一九六〇年代のボーリング推進・一斉推進当時に加入した長期共済がまだ満期を迎えていなかったこと、②組合員・加入者に有利になるような各共済の仕組み改訂などによる効果が事業実績にカウントされていたこと、③満期を迎える契約に対し、満期前の契約転換などによって新契約の目標実績を確保してきたこと、などの理由による。同時に、組合員・地域住民からの信頼感の醸成による普及推進の成果も大きな背景としてあった。

その後、一九九〇年代に入って、バブル経済の崩壊による長期不況や、グローバリズムの進展による農産物の輸入自由化、それらに伴う農業経営の悪化とともに、事業環境は厳しさを増していく。とくに、地域の混住化や農協以外の金融機関との競合など金融状況をめぐる環境変化によって、従来の集中推進が困難となった。現在は、普及推進のうち多くがＬＡ(Life Adviser)を中心とする専任外務職員によって行われている。従来の農協職員総出による推進ではなく、ＬＡなど共済事業の専門部署の職員が、専門的かつ高度に推進する方式である。詳細な内訳は

図３－２　長期共済保有契約高の推移(1983～2015年度)

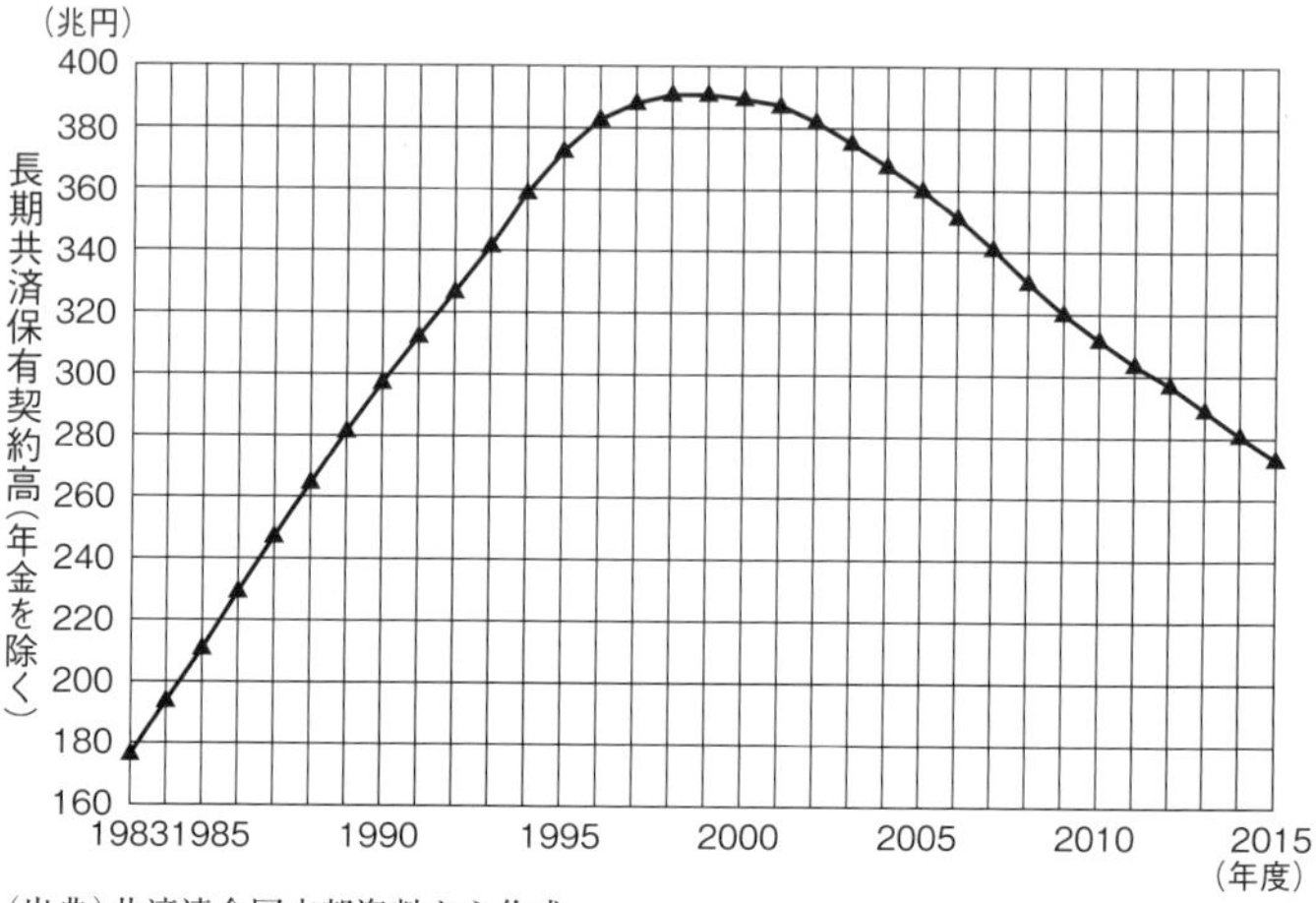

(出典)共済連全国本部資料から作成。

公表されていないが、近年の金融行政の指導もあり、専門部署の職員による推進が高い比率を占めていると考えられる。

しかし、このような対策を取っても、一九九〇年代後半から長期共済保有契約高は減少に転じるようになった。この実態を、**図3－2**でみよう。一九八三年度から一九九〇年代なかばまでは、対前年比五ポイント以上の高率で一貫して増加している。一九九〇年代後半に入ると伸びが鈍化し、一九九八年度の三九一兆四一六九億円をピークに、二〇一五年度まで一七年連続して減少を続けていく。二〇一五年度は、一九八八年度水準の二七三兆六八二四億円まで下落している。

この一七年間の減少額は一一七兆七三四五億円、平均減少率は年間マイナス二・一ポイント、平均減少額は年間六・九兆円と非常に厳しい状況である。このペースで毎年減少を続けると仮定して試算すると、二〇三〇年度には二〇〇兆円を下回る一九九兆七二五四億円にまで下落すると予想される。これは一九八〇年代前半の水準に逆戻りすることを意味する。

もちろん、少子高齢化・人口減少と高度経済成長期の加入者群の満期リタイアを主因とする長期生命保険全体の保有契約高減少は、生命保険全体の傾向であって、農協共済に限ったことではない。こうした環境のもとでは、共済・保険の保有契約高減少を止めることは困難な課題である。また、保有契約高の減少が直ちに事業の存立危機を示すものでもない。

とはいえ、このストックの減少率・減少額は、経済行為として見逃してよい水準とは言えない。農協共済事業自体は農業との直接的な関係は希薄である。それゆえ農協は、地域農業基盤が弱体化するもとでも、農家世帯以外に積極的に普及推進を展開し、今日の事業規模を実現してきた。そのことが、第４章の横浜農協に見られるような農的事業を含む農協事業を支えてきただけに、事業規模が今後どのように推移するかが注目される。

共済事業の普及推進の方向——その回答は農協の総合性から

では、現場の農協は、共済事業の普及推進について具体的にどう対応すべきなのか。ここでは優良事例を具体的・詳細に紹介する紙幅がないので、筆者が以前紹介したひまわり農協（愛知県）の事例に簡単に触れるにとどめたい(19)。

愛知県豊川市を中心的な事業範囲とするひまわり農協(二〇一六年三月現在、正組合員八〇一三人、准組合員二万五八三八人)は、全国的に長期共済保有契約高が頭打ちないしは減少に転じた二〇〇〇年代初頭にあっても持続的に純増するなど、堅調な信用・共済事業実績が有名であった。その背景には、以下の四点で農協の評価を総合的に高めた努力が明らかになっている。

①女性部活動の積み上げによる、国内でも有数の農産物直売所事業など地産地消を重視した食・農の事業・活動。

②農協への理解を地域に広めて、正組合員を含む組合員純増を図る組織活動。

③地域の子どもたちを引率するスキーなどの各種ツアー。

④金融渉外職員による独居高齢者に対する声掛け運動。

当時の筆者らによる現地ヒアリングでも、こうした取り組みの継続が確認された。多面的な地域活動により、女性・高齢者・子どもたちも含めた地域における「農協ファン」を引き続き増やしていたと思われるが、現地で役職員からたびたび聞かされた次の言葉が、事業実績を裏づけていたと言ってよい。

「〝地域のヒーロー〟になれる特効薬的な対策はない。農協は、食と農を基礎に、ホームランではなくタイムリーヒットを打っていくような地道さと多面的活動が重要」

「子どもたちのスキー引率や高齢者への声掛けは、事業実績にすぐ結びつくものではないが、積み重ねの実績で地域からの信頼感を醸成している」

「こうした取り組みの結果として堅調な事業実績があるのであって、その逆ではない」

もちろん、現在の事業環境が当時より厳しさを増していることはいうまでもなく、ひまわり農協の長期共済保有契約高も近年は減少傾向にある。それでも、「問題の解決には王道がなく、農協の地域性と総合性を積み重ねるしか事業の発展はない」という当時の役職員の姿勢に、今日の農協の目指すべき方向が、いまも示されていると考えられる。

3　農協共済事業の最近の動き
――二〇〇〇年代後半からの「共済と保険との同質化」

共済と保険との同質化（イコールフッティング）の加速

二〇〇〇年以降、農協共済事業全体を取り巻く環境はさらに変化してきた。「農協の信用・共済事業と経済事業を分離・分割する提案」＝農協の解体・再編の提案である。「農協改革」の関連は第1章で詳述したので、ここでは要点だけを記す。一部財界は、「各事業を分割し、独立採算にして、効率よく運営することこそが〝消費者〟保護になる」として、農協の総合性を否定してきた。それは、農協共済事業も単独の事業者で行うべきだという提案である。

これと連動して惹起したのが、共済事業への規制である。具体的には、二〇〇五年の保険業法改定にともない、共済事業における歴史的な「特定者に対する（保険）事業」という保険事業と区分する条項を廃止したことである。これにより、共済事業も保険事業も保険業法を根拠法にして管理されるようになった。農協共済など主務官庁に認可された共済や労働組合共済は当面、この法律の「適用除外」になった。しかし、農協法改定以降も不穏な動きは続いており、予断を許さない。

実際この方向に沿って、農協と同じく共済事業を展開してきた生協に対し、「契約者保護」を名目にして、生協職員が組合員宅で宅配作業を行いながら共済を推進するような「兼業」を事実上禁止にする生協法改定が、二〇〇七年に行われた。さらに同年、従来は商法で規定していた保険事業の実行行為である保険契約に関する基本的事項を分離し、新たに保険法(単独法・契約法)を設けることとなり、二〇〇八年から施行された。

なぜ、この数年にこうした法改定が相次いだのだろうか。二〇〇五年の保険業法改定は、消費者から苦情が寄せられていたマルチ商法による「共済」を僭称する「偽装保険事業者」を規制する法律がないことを理由として行われたものである。

制度共済(根拠法のある共済)の横断的組織である社団法人日本共済協会(当時)に設置された「共済理論研究会」でも、この問題に取り組むため「無認可共済」部会を設置した。筆者は、同研究会の担当として、二〇〇四年段階からこの問題の検討に関与してきた経緯がある。当時問題とされたマルチ商法による事業関係者を研究会に招請して、詳細なヒアリングを行ったほか、金融庁担当者からも法改定に関する事情を聞くなど、多角的に議論してきた。そこで明らかになったのは、共済は特定者に対する保険であるが、これらの偽装保険事業者は形式的な「共済組合」をつくり、共済のように見せかけていたことである。また、それは旧保険業法でも十分規制できるとともに、共済事業側が負うべき責務は一切ないことも明らかにした。この段階では、金融庁関係者も含めて、ほぼ同様の認識であったことが確認されている。

ところが金融庁は、この共済を名乗る偽装保険事業者の横行を理由に、共済の「特定条項」を廃止してしまった。これにより、「自主共済」と言われる適用除外にならない（根拠法のない）一定規模以上の共済事業は、二〇〇八年三月を期限として、保険と同じ条件・ルールで事業を行うべきとする「イコールフッティング」を図ったうえで、新たに設置された「少額短期保険業者」の条件を満たして認可を受けないかぎり、廃業を迫られる事態になった[20]。これまで根拠法と監督官庁を持たないが、健全に事業運営してきたＰＴＡ共済や日本勤労者山岳連盟の遭難対策基金など多くの共済事業・団体が、廃業か、もしくは組織と事業の存亡をかけて多額のコスト負担をして少額短期保険業者に転換することを余儀なくされたのである。

分岐点に立たされる共済事業

保険業法改定がこのような結果となった背景には、「構造改革」を中心とする新自由主義的な株式会社優越政策が影響している。具体的には、以下の三点が背景にある。

①すべての共済事業を営利保険と同等とみなし、保険事業を行う株式会社と同列の事業方式

でイコールフッティングを行い、そのうえで市場競争を行うべきとしている。
②これによって、「公正でオープンな保険市場」をつくり、外資ファンド・外国の保険会社の日本市場へのさらなる参入を促進する。
③郵政と同様に国内完結型で、かつ非営利のため基本的に慎重に運用されてきた共済事業や信用事業などの協同組合系ファンドを、営利保険事業と同列の環境に置き、より営利・投機的な運用を可能にする。こうして、国際金融市場における外資系ファンドなどのマネーゲーム＝金融グローバリゼーションに誘導し、それを通じて利益を得ようとするアメリカの対日要求（在日米国商工会議所「意見書」）を通そうとした。[21]

つまり、アメリカの要求の本丸は、農協共済や全労済など協同組合による共済そのものを、営利保険として国際金融市場で同じ土俵に乗せること（保険業法の適用除外の早期解除）にある。にもかかわらず国は、アメリカの対日要求にきわめて忠実に従って、十分に議論も公開しないまま制度を改変し、共済事業全体に圧力を加えたのである。

これらの経過と問題点は押尾直志ら[22]に詳しいので省略するが、共済事業は現在さまざまな意味で分岐点に立たされていると言えよう。

4　農協共済事業が地域のセーフティネット事業であり続けるために

農協が銀行や保険会社となる?日

今後、農協が現在の政府の「農協改革」の方向を受け入れ続け、イコールフッティングなどの指導に従い、事業の総合性を希薄化させていったら、それは本来の共済と言えるのだろうか。あるいは、現在すでに傾向として現れているように、資金の効率運用に傾斜して金融市場でメガバンクや保険会社と同種の金融商品売買に関与し、当面の普及推進目標を消化するために仕事をこなすことなどに純化するならば、農協である必要も協同組合を名乗る必要もなくなるのではないだろうか。

アメリカ政府や金融庁でなくとも、「どうぞ正々堂々と株式会社になり、市場で競争してください」と言われるであろう。規制改革会議のブレーンらが声高に主張するような、さまざまな総合的な農協事業の解体的再編に向けた策動(23)も加速化されるにちがいない。農協は「農協の強み」「農協らしさ」を活かさないかぎり、「金融商品・生活購買の商品ならほかにもある」ということになりかねない。しかも、現状のままでは十分な差別化を図れず、ミニ銀行・ミニ保険会社化した農協は支持を得られないだろう。

これまでみてきたように、農協共済事業は「顔の見える範囲＝地域」を基礎として展開されてきた事業であり、普及推進も地域性に依拠してきた。これを大きく逸脱した事業展開は基本的に想定されていないし、これからも困難であろう。

たしかに事業推進の論理から言えば、短期的には代理店方式が効率的に見えることもあり、その制度を受け入れても可とする論調が、一部の現場から聞こえている。しかし、普及推進の現場に深く入れば理解できるが、農協共済は地域密着でなければ普及推進できない事業であり、組織である。共済事業に携わる関係者は、その自覚があまりに希薄なのではないか。そもそも、「保障需要」に限定すれば、農協共済でなくとも「いい商品」は他にもある。建物更生共済が開発された時期のように、仕組みや割り戻し（運用益などを加入者掛金負担の割引に反映させるもの。農協共済は、その有利性が大きかった）などで優位性を保てるわけではない。

加入者に、「地域に密着した非営利の農協は安心できるから、共済に加入する」という論理があること、それゆえ農協共済が競争力を有するということを、とりわけ共済事業の普及推進関係者は再認識しなければならないのではないか。[24] 共済団体として「自分は何者であるのか」という自己検証を行い、協同組合・非営利事業体らしい資金運用を展開し、それを加入者にアピールしたり、野菜や米を配って農協らしさを発揮するなど、保険との相違を徹底的に訴求する方策を構築すべきなのである。

さらに、TPPをはじめとする自由貿易協定に関する問題として、「国民皆保険制度（国民健康保険）」が弱体化する危険性が挙げられる。政府は、「TPPが国民皆保険本体に直接与える影響はない」と説明しているが、ＴＰＰは企業における「投資の自由」を最大限担保しており、アメリカなど多国籍資本の製薬企業が日本の薬価決定に透明性を要求するなどの影響力を及ぼすと考えられる。そして、製薬企業がＴＰＰで得られる知的財産権の保護強化や特許期間延長などを利用して薬価を高止まりさせれば、国民健康保険での受診制限と混合診療のなし崩し的拡大が起こり、引いては国民皆保険も縮小・弱体化される。

そうなれば、アメリカなどの保険会社が日本市場に参入する流れが広がるであろう。当然、公的保険の縮小は私的保険の需要を喚起するであろうが、保険市場は混乱に陥る。協同性の基盤を喪失した日本の農協共済をはじめとする共済事業組織が、不利な競争に勝ち抜き、現状のような組織と事業を維持できるとは想定しがたい。さらにＴＰＰでは、共済・保険がすべて金融の範疇に括られている。日本の共済における独自性はまったく担保されず、保険とのイコールフッティングも加速するであろう。

このように、ＴＰＰに代表される自由貿易の方向性が貫徹されれば、共済事業については適用除外が廃止される可能性が高いと言わざるを得ない。農協共済や全労済をはじめ共済事業・組織のすべてが、保険会社として完全に同質化されることも想定される。全国ベースの共済事業組織は株式会社などへ移行するとともに、単位農協は改定農協法が意図する代理店化を余儀なくされるであろう。それが意味するのは、信用・共済事業の分離であり、非営利組織体としての総合農協の解体であり、仮に「共済」を名乗っていても、非営利事業としての共済事業の終焉である。

株式会社化された全国共済組織は、協同組合出資の株式会社を名乗ったとしても、協同組合であるがゆえに流動性に一定の歯止めがかかっている資金運用などが、グローバル金融市場に巻き込まれることは必至である。その一部は、国外移転を余儀なくされるであろう。郵政民営化の際に懸念されたように、日本の人びとが営々と築き上げてきた一〇〇兆円単位のストックの海外流出という事態が、ここでも同様に懸念されるのである。

そうなったとき、現状でも空洞化が進む地域のセーフティネットは誰が守るのだろうか。すべてが営利＝金儲けの論理で貫徹された事業ばかりになった地域で、保障需要や人びとの安心を求める声に、本当に対応できるのだろうか。

何をなすべきか――共済を保険にしてはならない

残念ながら、現在の農協共済をめぐる法体系は、共済事業の歴史的な独自性を否定した内容になっている。そのため、農協における総合事業の分離・分割も容易になってしまった。今後の政権交代などで状況の変化はありうるが、経済のグローバリズム自体にブレーキがかからない以上、将来的には農協の信用・共済事業の分離・分割や、連合会の株式会社化が強行され、非営利事業としての共済事業の実施が困難となる事態も想定される。

そうなると、これまでの総合性やそれに基づく安心感が失われた農協で、現状の事業展開が可能であるとは考えられない。信用・共済事業のみならず、農協が担ってきた地域農業や地域の食・農を守り発展させる事業・活動や、高齢者福祉への取り組みにも大きな影響が生じ、セーフティネットの空洞化は加速化するであろう。

しかし、こうした株式会社万能史観と市場原理による規制緩和と競争にのみ突っ走る社会は、格差と社会的不安を広げるばかりである。それは、深刻な国際緊張や環境問題に対して、有効な処方箋であるとは考えられない。しかも、二〇一六年のアメリカ大統領選挙に見られるように、この方向が国際的でも不可避であるとも言えない。

ＥＵのみならず多くの途上国でも、協同組合否定どころか、協同組合・非営利協同組織・社会的企業などによる事業が、市場でまかないきれない財・サービスを提供するとして評価され、法的にも根拠を与えられている。ひとり日本のみが逆行しているのである。競争だけでなく、他者・他国と協同し、有限な資源を平和的に分かち合い、持続的な社会と経済をつくる努力こそが求められている。

もしわれわれが、新自由主義的政策が地域に与えている影響とあらゆる分野に及ぶセーフティネットの空洞化、そのうえで農協共済をはじめとする非営利事業としての農協事業・協同組合組織の役割と意義を正確に認識するなら、その解体をただ座視すべきではない。どんなに困難であろうとも、非営利事業としての共済事業の独自性を守り、あるいは再構築していくしかない。法制度は変えられずとも、まだ農協組織はそれに対応する力を持っているはずであるし、それは地域の人びととの願いでもある。

そのためにわれわれは、共済事業・組織における「協同」の意味と優越性を学習して問い直し、情報の共有と具体的課題を練り上げながら、対案として示す必要がある。実際、われわれの各種調査結果を見ても、加入者の農協共済に関する評価ポイントは「親しみやすさ」に集中していた。[25]農協の非営利性・地域性は、今日なお一定の評価を受けているのである。

テレビ・コマーシャルでは現在、郵政民営化で優遇を受けたＡｆｌａｃなどの外資系保険会社が大攻勢をかけ、政権と規制改革会議による株式会社の効率性ばかりが喧伝されている。だが、一方で人びとは営利一辺倒の事業姿勢に危うさも感じているし、自然志向や安全な食を求める声は強まる一方である。

たとえば、地域の人びとの間で、共済事業をはじめとする農協の事業を利用して組織に参加すること（組合員となること）が、地域の緑と安心な食を担保するようなイメージが膨らんだなら、農協の強みの発揮と事業・組織の差別化はよりスムーズにいくのではないか。さらに、全国各地の農協が、本章で述べたような今日の社会環境の変化に対してより自覚的になったとき、農協と地域のさまざまな問題が視野に入り、どういう人びととどのように手をつなぐべきかが明らかになるのではないか。

そうなったとき、農協は地域でより自信の持てる組織になる。そして、そうした実績を残していけば、黙っていても世論が農協を支えるのではないだろうか。まやかしの「農協改革」にではなく、真の農協改革に対する援軍にもなるにちがいない。

いまこそ農協系統組織関係者は、地域に対して、「地域の食と農を守るためには農協が必要である」「地域の人びとの生活支援＝セーフティネット再構築を農協が担う」という「農協らしさ」を旗印にしながら、打って出るべき時である。そして、連合会はその支援を惜しむべきではない。その努力は、必ずや各農協事業と農協組織の存続につながるであろう。

（1）セーフティネット論については、金子勝『セーフティーネットの政治経済学』（ちくま新書、一九九九年）、橘木俊詔『セーフティ・ネットの経済学』（日本経済新聞社、二〇〇〇年）、川口清史・大沢真理編『市民がつくるくらしのセーフティネット――信頼と安心のコミュニティをめざして』（日本評論社、二〇〇四年）などを参照。筆者のこれまでの論考は、高橋巌「地域社会におけるセーフティネットと共済事業―グローバリゼーション・高齢化の下で―」（『共済と保険』二〇〇四年一一、一二月号、一六〜二三ページ）、同「農協・協同組合の地域における役割を考える〜「反協同組合論」の系譜と農協の「解体的再編」論議等を踏まえて〜」（『共済と保険』二〇〇六年一月号、一六〜二四ページ）など。

（2）定年帰農・高齢者営農に関する筆者の一連の論考は、高橋巌『高齢者と地域農業』（家の光協会、二〇〇二年）、高橋巌「農の担い手――その多様なあり方」桝潟俊子・谷口吉光・立川雅司編著『食と農の社会学――生命と地域の視点から』（ミネルヴァ書房、二〇一四年、二一五〜二三一ページ）などを参照。

（3）本章のもととなった、高橋巌「農村地域社会におけるセーフティ・ネットとソーシャル・キャピタル――総合農協の事業・活動事例を中心に」真屋尚生編著『社会保護政策論――グローバル健康福祉社会への政策提言』（慶應義塾大学出版会、二〇一四年、二四九～二六八ページ）を参照。なお、高齢化対策は全国の農協で広く行われているものの、少子化対策（子育て対策）は十分とは言えない。その中で、埼玉県のいるま野農協（旧・福原農協、川越市）では、古くから幼稚園を経営していることが知られている。よりソフトな対策も含め、農協の組織力を活用した地域対策として、今後の重要な課題と言えよう。最近の状況は、福田いずみ「農協における乳幼児支援の現状と課題」（『共済総合研究』第六六号、二〇一三年、一〇二～一二五ページ）に詳しい。

（4）高橋、前掲（3）のほか、高橋巌「協同組合とソーシャル・キャピタル―総合農協の特質との関連で―」（『協同組合研究』二七巻一号、二〇〇八年）のうち、全国六農協とひまわり農協の対比分析を参照（二〇～二二ページ）。

（5）農林中金総研プロジェクトチーム「日本の農業・地域社会における農協の役割と将来展望（下）―最近の農協批判に応えて―」『農林金融』二〇〇六年七月号、三三～三四ページ。

（6）真屋尚生『保険の知識（第二版）』日経文庫、二〇〇四年、一五ページ。

（7）全国共済農業協同組合連合会『JA共済連の現状二〇一六』、JA全中編『JAファクトブック二〇一六』JA全中、二〇一六年。

（8）高橋、前掲（1）、二〇〇六年。

（9）今日の共済事業を総括的に論じたものとして、押尾直志『現代共済論』（日本経済評論社、二〇一二年）、共済事業の通史としては、坂井幸二郎『共済事業の歴史』（日本共済協会、二〇〇二年）が詳しい。

（10）押尾直志監修、共済研究会編『共済事業と日本社会――共済規制は何をもたらすか』保険毎日新聞社、二〇〇七年。

(11) 坂井、前掲(9)ほか。
(12) 足羽進三郎「農業協同組合の共済事業について」『法経会論叢』一四号、北海道大学、一九五五年、一八九〜二〇五ページ。
(13) 本間照光「「無許可保険」問題と共済理論の復権」『協同組合研究』二〇〇六年一〇月号、三〜八ページ。また、一連の論考は、前掲(10)参照。
(14) 高橋巌(石原健二)「JA共済事業の現状と今後の方向・課題—少子高齢社会を見据えて—」(『新時代のJA管理者』日本経営協会、二〇〇二年、一〇七〜一二六ページ)。
(15) この結果は、平野稔・泉田富雄・高橋巌・大友康博・青田安史『在宅介護モデル施設に関する調査報告書(三分冊)』(全国共済農業協同組合連合会、二〇〇一年、全八九三ページ(非公刊))にまとめられている。
(16) 泉田富雄「共済事業の仕組みと課題」田代洋一編『協同組合としての農協』筑波書房、二〇〇九年、一八七ページ。
(17) 前掲(16)、一八八〜一八九ページ。なお、このほかの全共連実務者の当時の回想では、共済事業当初の契約の伸張・推進の拡大について、①農協にとって組合付加(共済事業の実施に伴う農協の収入)が大きく、その額を単純に契約高で計算できたこと、②農村資金確保としての長期共済加入意識があったこと、③娯楽が少ない時代に「契約者招待」のイベントなどが好評であったこと、の三点を挙げている(「座談会」『共済仲間の談話室』五周年記念特集号、全共連平河会、二〇〇八年、四五〜四六ページ(非公刊))。
(18) 前掲(16)。なお、「大数の法則」とは統計学の極限定理のひとつ。具体的には「サイコロを少ない回数振るよりも、より多くの回数を振ったほうが一の目の出る確率は六分の一に近づく」事象などを指す。近代保険技術はこの定理を応用したもので、保険行為に伴うリスクを抑え、確実性を向上するためには、リスク発生を内包する母集団の規模をより拡大することで(加入者の母集団を増やすことで)リスクが分散され、加入者に有利な条件(保険商品、共済仕組み)が提供できる。共済事業でも、より有利な保障と事業基盤の安定のために加入者を増やすことが強く求められたため、ボーリング推進などが展開された。しかし、本文中にあるように、この事業推進に伴うさまざまな問題も指摘されている。筆者の現場体験に基づく各種提言は、高橋、第1章、前掲(4)。また、農協の労働組合である全農協労連は、労働組合の立場から、適正な事業(共済)推進を継続して訴え要求してきた。たとえば、全農協労連「切実な要求だから―話し合い学びあって確信もとう―」(『労農のなかま』第三二巻二号、一九九五年、五六〜六六ページ)など。

(19) この時点の詳細な分析は、高橋、前掲(3)、前掲(4)を参照。

(20) 前掲(10)、および橋本光陽・相馬健次・高橋巌・中川雄一郎「座談会:共済事業の今後とTPPの共済への影響」『いのちとくらし研究所報』五四号、二〇一六年、二〜二二ページ。具体的には、「根拠法のない共済」のうち「任意団体等」は、改正保険業法施行日の二〇〇六年四月一日から二年間の移行期間のうちに、①金融庁の監督を受けて保険会社になるか、②同様に、仕組みの条件(契約期間が二年以内、保障金額が一〇〇〇万円以下など)を満たして少額短期保険業者になるか、③あるいは協同組合になるかを迫られた。これ以外は、④共済を近似の条件で保険会社の商品に切り替えるなどして組織を解散するか、⑤もしくは事業を廃止・廃業するかの選択肢しかなく、実際に解散に追い込まれた組織も複数存在した。このため、自主共済各団体は連携を強め、さまざまな運動を展開した結果、二〇一〇年に主務官庁の監督を受けるなど一定条件のもとで事業を存続できる「認可特定保険業者」制度が創設され、知的障がい者施設利用者の自主共済など七組織が移行している。農協共済などは保険業法から「当面適用除外」となっているだけで、本文中にあるとおり、それがいつまで担保されるかきわめて危うい。

(21) 前掲(20)では、廃業に追い込まれた自主共済などの現況も報告されている。

(22) 押尾、前掲(９)、前掲(10)。

(23) 第１章を参照。

(24) 前掲(３)。

(25) 前掲(３)、前掲(４)。

＊本章は、高橋、前掲(３)、(14)、および高橋巌「非営利事業としての共済事業は存続できるか―農協共済を中心に―」(『文化連情報』第四五九号、二〇一六年、六〇～六二ページ)をもとに、全面的に加筆修正したものである。

第4章　都市農協の重要性と准組合員問題
――横浜農協における「農的事業」展開の事例から

高橋　巌

1　危機における都市農協と今後のあり方――本章の課題

第3章では、農協の現代的な機能と役割について、セーフティネット論を援用しながら論じた。本章では、農協が、不安定化しつつある市民生活におけるセーフティネットの再構築に対応しうることを明らかにしていく。農協による事業の総合的展開は、地域住民に対する信用・共済などの事業推進によって経済事業の赤字を補填するのではなく、事業の地域的展開によって地域のセーフティネットを形成・補完し醸成している実態を検証するためである。

すでに述べてきた「農協改革」の動きで明確になったように、政府・財界・規制改革会議は、准組合員利用制限や、信用・共済事業と経済事業の切り離しの中で、農協を農業者の職能組合として純化させ、総合農協の総合性を解体しようとしてきた。そして、TPPをはじめとする一層の貿易自由化によってメリットが生じる多国籍企業・大企業に対して、農協の事業領域への参入の道を開こうとしている。

こうした中で、市街化区域内農地を持つ都市的地域に立地する都市農協・都市近郊農協(本書では一括して「都市農協」とする)は、本章で取り上げる横浜農協(神奈川県)や、第3章で紹介したひまわり農協(愛知県)のように、准組合員が正組合員を大きく上回るなど、利用者の多くを農業者以外の都市住民が占めるケースが多くなっている。したがって、農業者の職能的組合ではなく、地域住民に開かれた「地域協同組合」の要素が強くなっており、TPPのように、金融・保険など農業以外の幅広い分野に影響する自由貿易協定が推進された場合、その影響を直接的に受けることになる。

規制改革会議らは全国的に准組合員の総数が正組合員を上回っている現状(二六ページ参照)を問題視し、准組合員の利用制限の強化などを強要している。それゆえ、一連の「農協改革」の影響をより強く受けるのは、農業者の職能的組織の傾向が強い主産地農協よりも、むしろ都市農協とも想定される。こうした状況にあって、農家組合員と利用者は都市農協とどの領域で接点を持ち、都市農協はどう取り組むべきかについて考察することは、非常に重要な課題である。

いうまでもなく、農協は「農」を基盤とする事業体である。「農」が直接的に見えにくい都市部において今後も活動を展開しようとすれば、地域住民に対して食を含む農の分野の重要性を、より目的意識的に訴求しなければならない。ここでは、そのための事業を「農的事業」と定義する。そして、典型的な都市農協である横浜農協の農的事業の取り組みから、その意義と問題点、今後の展望を考えることとしたい。

2 都市農協における農的事業の重要性

都市農協はその准組合員率の高さから、職能団体のままであるべきか、それとも将来は地域協同組合となるべきかという、「地域協同組合論争」の舞台ともなってきた。筆者は、一九九六年に起きた住専問題の直後、地域協同組合論を批判した大田原高昭・斉藤仁、地域協同組合論を推進した鈴木博・山口巌らの論争と、これらを現代的な形で総括した河野直践らの議論をトレースし、都市農協と農的事業展開を想定しながら、こうまとめている。(1)

「……地域協同組合論・職能組合論両者の議論をそれなりに検証してみても、地域農業を維持・発展させようとか、JA(引用稿における「農協」を指す。以下同じ)等協同組合の機能を充実させようとか、そういった「目指すべきもの」について、基本的なフレームにおいては、決定的な相違は認められないように思われる。……かかる二元論で議論を純化させることよりも、当面より基本的な問題として、それぞれのJAが、その拠って立つ地域の実情と地域のニーズに如何にマッチした対応を取るかにあるのではないか……」

「……都市化が進展する地域でのＪＡのニーズとは一体何だろうか。基本的には、地域内の他組織よりも有利な信用・共済事業を中心に、地域協同組合的な多面的展開を図ることにあるが、それだけでは厳しい環境のなかで他組織との差別化を進めることは困難であろう。つまり、意識も変化した都市型の地域住民に対して、地域においてＪＡの基盤である農業と農地が存在することに対してそれらの役割を認め、かつそれを支える組織であるＪＡへのより深い理解を得るようにすることが必須になる……例えば「朝市」や「交流会」の実践等によってＪＡ事業へ理解と需要喚起、及び利用推進を側面から訴えることが重要な課題となるが、それだけでなく、将来的には、ＪＡへの主体的参画を促し地域農業への理解を得るとともに、農外の地域住民をしてＪＡをサポートできるような「何らかの仕組み」が必要になると思われるのである。そのうえで、地域のニーズに見合った事業展開を図れば、文字どおり総合ＪＡとしての強みを遺憾なく発揮できることとなる」

この視点から筆者は、その後地域経済が一層厳しさを増す中で、ひまわり農協における准組合員対策に関する調査研究や、石見尚・河野直践らとの共同作業を進め、次のように分析した。

①地域住民は、農業や地産地消への関心と「身近」「安心」といった親近感から、農協の事業利用や准組合員に加入する傾向が示されている。

②農協が、准組合員など地域住民の「食の安心やそれを支える農、豊かな自然の保護」などの要望に対応するため、農的事業を中心とする地域密着型の事業・活動を広く展開して「農

協ファン」を増やし、参加の論理の形成とそのシステムを準備することが重要である。
③それが農協事業・組織の再生産と地域のセーフティネット補完にもつながっている。[2]
こうした研究結果については、近年の他の研究でも同様の傾向が示されている。
①D. Faoziah・土屋敦・飯田真広[3]は、田代洋一の「（都市部を中心とする）農協の活動の変容について、制度上は職能組合の形態を堅持しつつ、実態では農協は地域協同組合化をたどった」「制度と実態の乖離が大きく、（その是正のためには）農的要素を追求した（農的地域協同組合的な）定款が不可欠」という分析・提案を取り上げて、都市農協の利用者側アンケート調査によって「農的サービスを含む各種農協サービスに対する期待は、農業体験のある准組合員のほうが未経験者に比べて二〜八ポイント程度高い」傾向などを明らかにし、都市農協における農的事業の重要性を示した。
②茂野隆一・尾中謙治[4]は現地調査に基づき、都市農協の「（農的事業をはじめとする）地域に根ざした取組み」が「農協の存在を地域にアピールし、地域社会の要望に応えて」おり、そのことが従来から地域社会に提供してきた「コモンズ（地域を持続可能な形で維持していくための共有された手段）」を都市農協が提供することになると述べる。
③小野澤康晴[5]は、全国で展開された農住都市建設などにおいて、都市農協が、信用事業や資産管理事業と連動し、組合員の協同により農地と宅地の同時整備という形で「押し寄せる都市化の波に対して協同で農業を守ろうとした」取り組みをまとめた。こうした事業は、

信用・共済と営農各事業が結びつき一体化された総合農協でなければ不可能である。同時に、守られた農地で営まれる農業によって、准組合員・地域住民への農産物供給など地産地消も担保されることを意味している。

いずれも、筆者らがかつて論じた指摘を裏づける結果である。今日の都市農協は、正組合員とともに都市住民・准組合員の声に応え、その理解と支持を強めるために、農協が拠って立つ「農協らしい、地域に根差した農的事業」をどのように展開すべきかが最重要な課題になっており、その検討が求められることになろう。

3　横浜市農業と横浜農協の概況(6)

県内有数の農業地帯

こうした視点から、以下では、全国的に見ても代表的な都市農協と言える横浜農協における近年の農的事業の取り組みと、その内実に接近してみたい。

神奈川県の県庁所在地で、人口三七〇万人を超える横浜市に持つ一般のイメージは、「都市そのもの」であろう。もちろん、横浜駅周辺をはじめとする人口集中地区の景観から農業を連想するのは難しい。実際に総土地面積四万三七四七haのうち耕地面積は二八二〇haで、六・四%にとどまっている。

表4－1、4－2は、この二五年間の横浜市農業の概況である。経営耕地面積で圧倒的に多いのが一haに満たない小規模経営であり、販売農家も半分近くまで減少している。とくに、高齢化や社会進出にともなって女性の農業就業人口が四分の一近くにまで減少し[7]、主産地形成的な視点からは、農業の担い手など生産基盤は厳しい環境にある。

しかし、神奈川県の面積全体に占める横浜市のシェアが一八・一％であるのに対し、耕地面積でみると二八二〇haで県内市町村のうちもっとも大きく、割合も一四・五％と一定水準を維持している（二〇一六年）。土地面積に占める農地の割合が非常に低いわけではない。市内を鳥瞰すると、北部・西部には農地が多く残されている。そして、市全域の農業産出額計は二〇一五年度で約一三四億一〇〇〇万円と、野菜の主産地である三浦市を抜いて県内市町村でトップである。

農業産出額をみると、野菜が約九一・一億円（県内二位、二〇・六％）で、六七・九％を占める。また、果実が約一二・九億円（県内二位、一四・八％）、花きが約九・六億円（県内一位、一八・九％）、生乳（県内畜産物の約四割）が約三・八億円（県内五位、八・七％）となっている。とくに生産が盛んな野菜を作付面積で見ると、大根（七四ha）やキャベツ（一六〇ha）では三浦市に首位を明け渡すものの、ホウレンソウ（一一〇ha）、ブロッコリー（六〇ha）、ネギ（四七ha）、サトイモ（四七ha）、トマト（四六ha）、白菜（三三ha）など、日常的に馴染み深い野菜でいずれも県内トップである（二〇一五年）。

表４－１　横浜市の農家数と農家人口の推移

（単位；戸、人）

年	農家数					農家人口			
	総農家	販売農家				農家世帯人口	農業就業人口（仕事は主に農業に従事）		
			専業	兼業 第１種兼業	兼業 第２種兼業		計	男	女
1990年	6, 106	4, 094	923	1, 172	1, 990	25, 538	12, 729	5, 315	7, 414
1995年	5, 190	3, 493	713	917	1, 863	24, 753	10, 192	4, 603	5, 589
2000年	4, 693	3, 040	676	373	1, 991	15, 103	7, 502	3, 567	3, 935
2005年	4, 423	2, 655	865	396	1, 394	12, 490	6, 577	3, 300	3, 277
2010年	4, 202	2, 430	1, 013	308	1, 109	10, 697	5, 416	2, 907	2, 509
2015年	3, 451	2, 029	918	185	926	8, 301	4, 482	2, 461	2, 021

（注１）「農家」とは、調査日現在の経営耕地面積が10a 以上の農業を営む世帯、および経営耕地面積が10a 未満、および土地持ち非農家を含む。
（注２）1990年の専兼別農家数は旧基準。農家人口は、1995年まで総農家、2000年以降販売農家。
（出典）農林業センサス（各年２月１日現在）、その他農水省資料。

表４－２　横浜市の経営耕地面積別農家数の推移

（単位；ha, 戸）

年	総農家	販売農家								
		計	0. 3未満（例外規定）	0. 3～0. 5	0. 5～1. 0	1. 0～1. 5	1. 5～2. 0	2. 0～3. 0	3. 0以上	自給的農家等
1990年	6, 106	4, 094	275	1, 243	1, 716	570	195	84	33	2, 012
1995年	5, 190	3, 493	265	1, 088	1, 366	494	187	79	14	1, 694
2000年	4, 693	3, 040	215	904	1, 218	444	165	83	11	1, 653
2005年	4, 423	2, 655	200	768	1, 035	406	152	78	16	1, 768
2010年	4, 202	2, 430	164	689	951	391	137	80	18	1, 772
2015年	3, 451	2, 029	151	545	759	348	129	72	25	1, 422

（注１）販売農家は、経営耕地面積が30a 以上、または調査日前１年間の農産物販売額が50万円以上あった世帯。
（注２）自給的農家は、経営耕地面積が30a 未満、かつ調査日前１年間の農産物販売額が50万円未満であった世帯、および土地持ち非農家を含む。
（注３）0. 3ha 未満の販売農家は、経営耕地面積が30a 未満（農地なしを含む）で、調査日前１年間の農産物販売額が50万円以上あった世帯。
（出典）農林業センサス（各年２月１日現在）、および横浜市資料。

このように横浜市の農業は、都市部にありながら、大消費地の需要を充足する野菜生産などに取り組む農家が多く、地域農業基盤が充実している。一九七〇年代ごろまでは市内の多くで野菜の引き売りが日常的に見られ、地産地消が定着していた。現在も、有人・無人の多様な直売所が約一〇〇〇カ所開設されている。したがって、地域に密着した地産地消など農・食にかかわる事業・活動を農協が展開する地域条件が整っていると言えよう。

横浜農協の事業・組織概況(8)

横浜農協は二〇〇三年四月一日、市内の五農協(横浜中央農協、横浜南農協、横浜北農協、保土ケ谷農協、鶴見農協)が合併して発足した。その後、田奈農協が二〇一五年三月に合併し、同年四月より横浜市全域が単一の横浜農協となった。

二〇一五年度現在の農協組織の概要は、**表4-3**のとおりである。直近の正組合員が一万二三二六人であるのに対し、准組合員は五万二九六三人で、非農家がほぼすべてを占める准組合員率は八一・一%である。准組合員が正組合員を大幅に上回っており、都市農協の特質を示す数字である。

横浜農協では、総合農協が営むほとんどの事業を実施している。直売所を含む販売事業は、二〇一四年度は若干減少したものの二〇一五年度は増加し、三三億円を超えた。事業の柱は、数多い准組合員をベースにした信用・共済事業である。直近の貯金残高は約一兆六〇四七億円

表4－3　横浜農協の事業概要

（単位：組合員、100万円）

	2012年度	2013年度	2014年度	2015年度
組合員数	57,706	59,826	61,556	65,289
正組合員数	11,889	11,801	11,681	12,326
准組合員数	45,817	48,025	49,875	52,963
准組合員比率（%）	79.4	80.3	81.0	81.1
経営実績				
販売事業実績	2,850	3,066	2,994	3,251
うち直売所関係	1,161	1,309	1,303	1,490
購買事業実績	22,775	21,695	21,116	23,929
貯金残高	1,405,542	1,447,563	1,493,312	1,604,787
長期共済保有契約高	3,162,769	3,158,658	3,128,428	3,241,019
長期共済新契約高	337,791	317,375	314,948	327,412
税引前当期利益	4,755	5,033	4,919	5,121

（出典）横浜農協総代会資料（各年度）から作成。

で、ここ三年間も堅調に推移している。一方、長期共済については経済情勢や共済・保険事業をめぐる全体情勢を反映して保有契約・新契約ともに減少していた。だが、二〇一五年度は、長期共済保有契約高が約三兆二四一〇億円（対前年度比一〇三・六%）、新契約高は約三二七四億円（対前年度比一〇四・一%）と、いずれも前年度を上回っている。

これらを反映して、当期利益は二〇一五年度にかけて増加し、五一億円を超える水準となった。都市農協として、安定した経営水準にあることは疑いがない。

ただし、部門別損益をみると、信用・共済事業の総利益合計が約一九四兆円であるのに対し、経済事業（農業関連事業と生活購買事業の合計）は約六億七四〇〇万円にとどまるほか、営農指導事業は四億円以上の負担となっており、信用・共済事業の大きな収益で農業部門を補うという典型的な総合農協の構造となっている。つまり、横浜農協が以下に述べるような充実した農的事業(農業関連事業)の展開が可能な経営基盤は、総合農協の組織体ゆえであることが改めて理解できる。農業部門の一層の経営努力が必要であるとはいえ、もとより農業部門で多大な黒字が望めるような農業情勢ではない以上、総合農協解体論がそのまま農業解体論にほかならないことが浮き彫りとなろう。

4　横浜農協における農的事業の展開(9)

「多様な担い手」による一括販売方式と小規模直売所「ハマッ子」

横浜農協では、都市における農的事業を重視し、その展開を図っている。まず、「生産振興対策」「流通対策」「地域振興対策」の三本柱により構成される地域農業振興計画を樹立した。ここでは、テーマを「FOODで風土」と定め、「市民と共有する農業、市民と分かち合う農業、市民とともに育てる農業」「よき農業がよき地域をつくる」という発想のもと、地域自給(地産地消)に基づいた農業創造を目指している。

このうち、横浜農協の特徴をもっともよく示しているのが、「農業生産に携わる者はすべて地域農業の担い手として位置づける」という「多様な担い手」の視点であり、それと連動する農協直売所「ハマッ子」である。

多様な担い手を支える具体策が一括販売方式である(図4−1)。これは、旧横浜南農協が取

図4－1　横浜農協「一括販売」の独自性

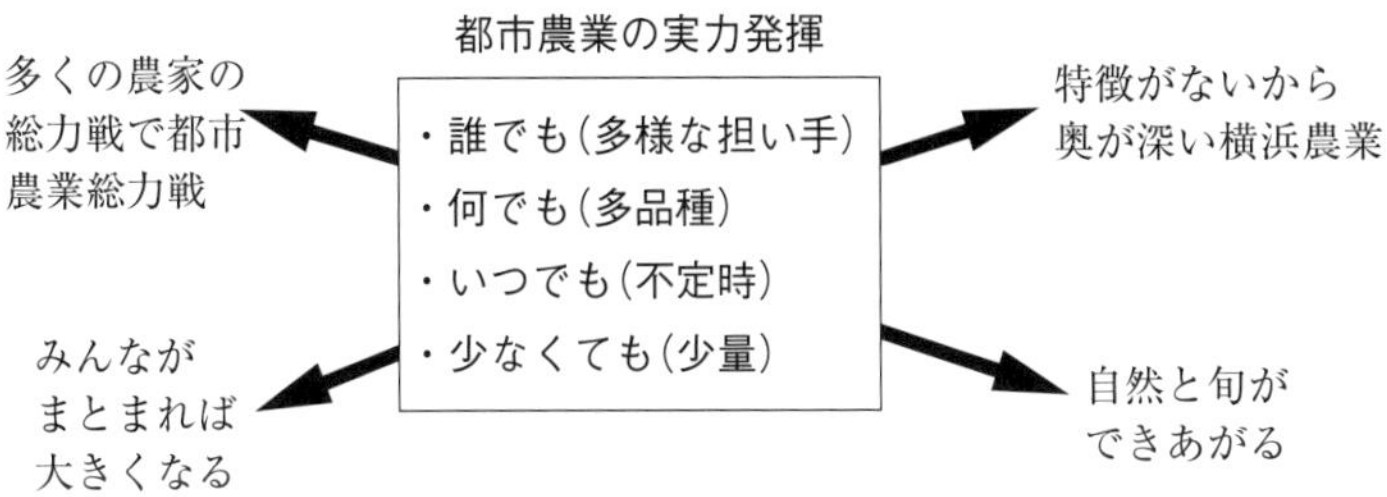
都市農業の実力発揮
・誰でも（多様な担い手）
・何でも（多品種）
・いつでも（不定時）
・少なくても（少量）
多くの農家の総力戦で都市農業総力戦
特徴がないから奥が深い横浜農業
みんながまとまれば大きくなる
自然と旬ができあがる

（出典）横浜農協『営農情報』（2015年6月号、3ページ）の図に筆者加筆。

り組んでいた、「誰でも、何でも、いつでも、少なくても」集荷を受け入れるという方式である。農協によれば、横浜市が膨大な消費力をかかえる地域条件を持っているにもかかわらず、農地や担い手の生産基盤は厳しくなり、横浜キャベツなどを除き個々の市場外流通に傾斜して農協への結集が弱くなっていた。そこで、「JAとして、横浜にふさわしい流通形態である地域流通・販売方式」を模索した結果つくられたという。

そして、多様な担い手の農産物を販売する直売所がハマッ子である。二〇一七四月現在、**図4－2**のように直営だけで一三店舗が営業している。近隣のさがみ農協（藤沢市、茅ヶ崎市など）などが大型直売所を展開しているのとは対照的に、小さい直売所を数多く展開しているのが特徴である。

農協によれば、市内面積が広い中で広域に地産地消を展開するには、大きな資本投下で農家の集出荷も長距離になる大型・集中店舗方式でなく、地域密着型の小規模店舗のほうが、消費者も身近で、農家も出荷しやすく効果的であるという判断によるものである。また、こうした店舗展開方式によって、高度経

図4－2　横浜農協が運営する直売所ハマッ子

（注）このほか約1000軒の農家直売所がある。
（出典）横浜農協『営農情報』（2015年６月号、３ページ）の図に筆者加筆修正。

済成長期に造成された新興住宅地など局地的に高齢化が進んでいる地区では「結果として、買物困難者の利便にもお応えすることになった」という。扱う商品は「徹底した横浜産へのこだわり」で、地場農産物のシェアは九五％以上に達する。横浜農協では、以下のように謳っている。

「野菜・果実・花・植木・鶏卵などの定番品目はもとより、精肉、牛乳、畜産加工品、乳製品、農産加工品まで、オール横浜の農業をラインアップしています」

これにより、専業的農家だけでなく、女性農業者やＵターン・新規就農者など小規模であっても意欲のある多くの担い手が農協に集荷する結果となり、出荷登録者は約一〇〇〇名に及ぶ。また、農協直売所のない地域では、一括販売により農協が集荷した販売物を量販店に販売する「直販ネット」や、量販店と提携した地場野菜コーナーやインショップを通じて地場農産物を販売・アピールしている。たとえば、磯子区（ヨークマート磯子店）、港北区（イトーヨーカドー綱島店）、南区（イトーヨーカドー別所店）などである（図４－３）。臨海部においては、オーケーストア本牧店のように、市場機能を利用・連携し、地場農産物の販売から流通までの効率化を図る新たな取り組みを始めている。

しかも、この取り組みは直売所だけにとどまっていない。各支店の「地域対策事業」として、ハマッ子のイベントなどでは、全職員がローテーションでそうめんや麦茶などを振る舞い、地域住民と交流しながら農協への要望・意見を聞き取り、農協事業をＰＲしている。こうした総

図4－3　ハマッ子と取引先量販店

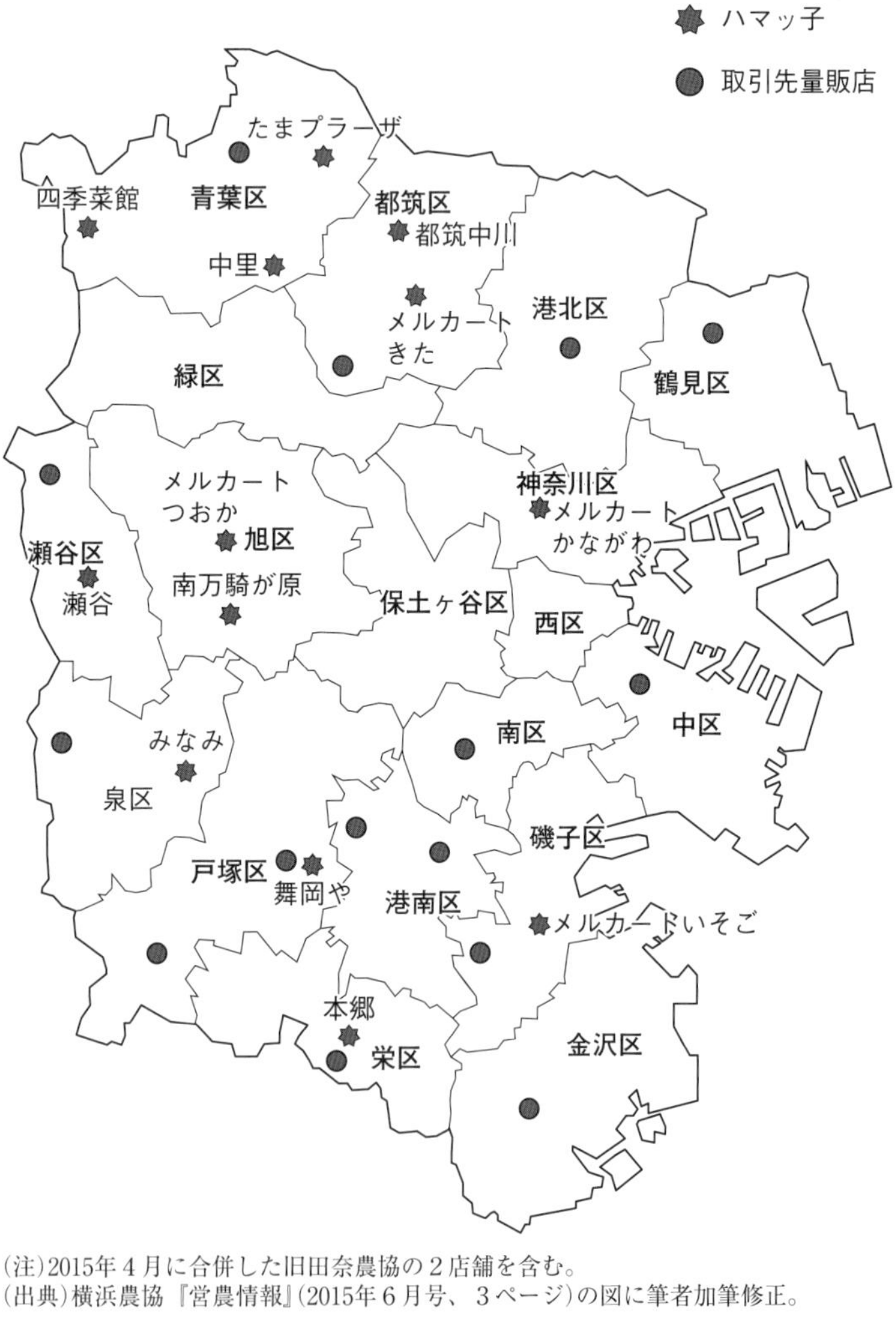

(注)2015年４月に合併した旧田奈農協の２店舗を含む。
(出典)横浜農協『営農情報』(2015年６月号、３ページ)の図に筆者加筆修正。

合農協らしい活動を行っているのである。

地域に広がる農・食・生活を支える諸活動

横浜農協では、量的には正組合員を凌駕する准組合員を単なる「事業利用者」とせず、農協のインサイダー（内部関係者）として生活全般を支える諸活動に取り組んでいる。准組合員対象の広報紙「Ａｇｒｉ横浜ぷらす」（年三回発行）や各種イベントを通じ、さまざまな情報と農協の総合事業を積極的にアピールし、地域住民のセーフティネットの補完機能を果たしてきた。それは、ハマッ子の事業案内や農業体験講座や料理講習会、年金や相続対策から健康管理まで幅が広い。こうした地域の食・農・生活を支える多面的な事業・活動の展開をみていこう。

食については、野菜購入にとどまりがちな直売所利用者と農協との関係を発展させるため、二〇一二年四月に、都筑中川支店内に「クッキングサロンハマッ子」を開設した。農協職員へのヒアリングによれば、「農家のお母さんたちが先生になって、地元の農畜産物を使った農家の家庭料理を教える教室は毎回大人気。この料理教室の参加者は、『採れた野菜を農家さんがどうやって食べているのかがわかり、買ったものを無駄にせずに食べ尽くすことができる』と言う」。このほか、准組合員を対象にした料理講習や文化講座を定期的に開催してきた。

この「先生」をはじめ、食農教育に取り組む農業者を「食農教育マイスター」として認定するシステムもある。地域に元々あった「水田を提供して小学校の授業の一環で稲作を体験させたり、収穫した野菜を学校給食に使ったり……地域に伝わる竹を使ったまつり寿司など、昔ながらの伝統料理を教えたり、じゃがもちや米粉ピザなどの料理教室」などを行う農業者を、農協が「食農教育マイスター」として認定する。農協は、前面に出て活動を管理するのではなく、地域の自主的な活動の経費支援や広報活動、農協の各種イベントとの連動などに役割を限定している。

さらに、子育て中の母親に向けて地元で採れた野菜を使った料理の試食会を開いたり、高齢者対象のミニデイサービスに地元野菜を使った「ヘルシー弁当」を提供するなど、子育て支援や介護支援の機能も果たしてきた。

一方、「農」の面では、担い手を支える対策として、後継者不在で耕作が困難な組合員を対象にした「アグリサポート事業」を展開している。主産地などで盛んなオペレーターの斡旋事業であるが、都市農業に対応して、農作業の受委託と農業機械の貸し出しなど生産基盤の支えにきめ細かく対応する。

これと連動するのが、准組合員とその家族を対象とした「農業体験講座」である。二〇一七年度の定員は三〇人。年間八回程度の作業で、サツマイモ・ラッカセイと秋野菜を植え付けから収穫まで体験できる。ここで注目すべきは、単なる都市住民の家庭菜園の支援・斡旋にとどまっていないことだ。募集の際に、「協同組合の一員として地域農業の将来をともに考えてほしい」「横浜の農業をともに育ててほしい」と謳う。そして、講座修了後は農作業に習熟した意欲のある層を対象に、アグリサポート事業と連動した「准組合員による援農ボランティア」を育成している。

二〇一七年度で五年目を迎えた援農ボランティアは五二人に達し、将来的には農協が管理する耕作放棄地などの耕作を主体的に担ってもらうという。まだ研修の一環で収支は伴っていないが、二〇一六年から耕作放棄地を利用して玉ねぎと大豆を生産しており、玉ねぎはハマッ子など直売所で販売し、大豆は納豆に加工して販売した。いずれは、この収益でボランティアの対価を支払う仕組みをつくりたいという。こうして、農に関与したい地域の消費者＝准組合員を、地域の農を支える担い手として積極的に育成しようとしているのである。

本格的な運用はこれからとなるが、准組合員を対象にした、段階を追ってステップアップできる活動であり、担い手対策とも連動している。農を軸に地域に広がる協同組合らしい活動と言える。

さらに、地域の親子を対象にした「あぐり塾」がある。これは「食農教育の一環として、栽培、収穫体験を通じて、いのち・農業・食べ物・健康の大切さを学ぶ」取り組みである。二〇一六年は「お米づくりに挑戦」をテーマに、自分で稲の苗を植えて育て、刈り取って食べるまでを体験する内容で、六〜一〇月に三回開講した。都市住民を含めた地域の次世代に農をつなぐ貴重な活動である。

総合農協で信用・共済事業のみを利用する准組合員や員外利用者の中には、農・食部門とのつながりが希薄なままのケースも見られる。事業間の横の連携や広報活動が弱い農協においては、「せっかく農協に口座をつくり貯金しているのに、野菜も米もどこで買えるかわからない」という意見もみられる。その点で横浜農協は、総合農協の本来的なメリットと特質を活かしていると言えよう。

農家組合員の農協に対する見方——正組合員ヒアリングから⑽

ここでは、横浜農協正組合員に対するヒアリングの概要を簡単にまとめておきたい。

Ａ氏は横浜市西部で約二haの経営規模を有する、六〇歳代後半の野菜専業農業者である。大学卒業後、会社員を経て家業の農業を継いだ。以前から低農薬栽培による直売に力を入れ、若いころは自宅直売所を開設し、近隣の消費者と直接交流していた。

現在は、行政が設置して地域の農業者が運営する公設民営方式の直売所と横浜農協直売所を中心に、精力的に販売している。堆肥など有機農業資材を独自に収集して土づくりに力を入れ、ハウスで果菜類の低農薬栽培を中心に少量多品種生産を行い、消費者に好評を得るなど、地域の篤農家的存在である。また、妻を中心に、自宅で採れるウメなどの加工品、漬物、味噌など多くの種類の農産加工品にも取り組んでいる。

都市化が進むことは覚悟しているものの、自宅周辺は農地が多く残り、後継者も確保し、農業を続けていく意向が強い。直売については、「ともかく消費者の反応がダイレクトにわかるので、それ以外の販売方法に力を入れようとは思わない」し、横浜農協の小規模直売所や一括販売方式などは、都市農業者が「進むべき方向として適切である」と言う。

B氏は、やはり横浜市西部で約一・三haの経営規模を有する、五〇歳代後半の野菜専業農業者である。いったん市外に他出して企業に就職し、数年後にUターン就農した。祖父の代には引き売りをしていたが、後に親子二代で数品目に限定した系統出荷に専念。父親の病気を機に、全量を直売に転換した。現在、公設民営の直売所や農協直売所、自宅直売所などで幅広く販売している。妻は漬物など農産加工に熱心で、地域のリーダー格である。

現在は、ハウスでのトマトを中心に、直売所での品ぞろえのため数十品目の少量多品種生産に取り組んでいる。とくに低農薬栽培などは意識していないが、都市化が進む中で周辺農家とともに農薬散布には配慮せざるを得ない。「必然的に低農薬にならざるを得ないし、それを前提に有機物施用や輪作などを組んでいる」と言う。A氏と同様に地域の篤農家的存在で、横浜農協の方向性や自身の直売・農産加工については、「都市農業・都市農協の課題は、現在横浜農協が展開する地産地消の対策にある。今後もこの方向性に沿って消費者と直接対話しながら農業を続けたい」と強い意欲を示していた。

このほか、野菜生産に取り組む三〇歳代の後継者やIターン者数名にもヒアリングした。いずれも直売に力を入れ、とくに消費者との直接交流が生きがいであり、農業生産の動機づけになっているという。近隣の農業者同士で、いい意味で切磋琢磨している様子がうかがわれた。

地下鉄立場駅構内の直売所

農協の関与する多様な直売所の事例

こうした組合員が出荷する公設民営の直売所には、さまざまな例がある。農協が行政と連携し、A氏やB氏らをはじめとする組合員に斡旋して、農協直売所とは別に組合員相互間の協力による直売所を設置する事例も見受けられる。

写真は、横浜市営地下鉄立場《たてば》駅（泉区）の構内で週二回開かれる農産物・農産加工品の直売所である。駅前には大型量販店があるものの、「生産者の顔の見える」「新鮮な野菜と手づくりの加工品」によって差別化され、駅利用者や近隣住民に好評である。開店以来、一〇年以上にわたって堅調な販売を継続している。現在は横浜農協が表に立つことはないが、きめ細かい横浜農協の活動が都市農業の存立と地産地消を支援していることは明記すべきであろう。

5　都市的地域の農的事業展開こそ「農協改革」へのオルタナティブ

都市的地域において、横浜農協のような取り組みが十分に行われていない場合、都市化圧力によってさらなる農業生産基盤の弱体化が想定される。これらの取り組みが都市農業存続のために果たす役割と意義は大きい。

横浜農協の農的事業は、正組合員・農業者の営農・生活を守るという職能領域だけではない。地域性を反映しつつ、地産地消による農産物供給と連動した料理講習など、地域住民の食を包摂する領域にわたっており、これらの事業・活動は、健康管理などを含む地域住民の生活全般のサポートに発展しうる要素を有する。とくに、農の領域を正組合員だけの狭い世界で完結させず、援農ボランティアなどにより准組合員＝非農家・消費者に開きながら積極的に共同しようという姿勢は、河野直践が提唱した「産消混合型協同組合」の現代的・実践的萌芽とも言えよう[11]。

そして、これらの事業・活動は、大都市農協ゆえの安定した経営基盤によって支えられて成立しており、充実した農的事業展開の基礎に総合農協の特質が発揮されている。ここに、総合農協が総合的に事業展開する必然性があるとともに、その役割を遺憾なく発揮しているとも言えよう。今日流布される「信用・共済と営農の事業・組織分離」では、これらの事業・活動は到底成立しない。

横浜農協の営農関連部署の担当者は、次のように語っている。[12]

「地産地消は人と人とをつなげる大きな手段であり、生産者にとっては、直売を通した購買者とのつながりやふれあいが大きなやりがいになります。それが都市で農業に従事する人の一番のモチベーションかもしれません」

ここに都市農協の特質と課題が凝縮されている。都市農業者の身近に消費者がいるということは、消費者にとっても農が近くに存在することを意味する。横浜農協の事業・活動のような「目に見える身近な取り組み」があれば、地産地消による食の安全の担保につながる。農を体現し、その立場を代弁する農協が、そうした都市住民の想いとニーズへの媒介となることによって、都市的地域における農協の存立基盤は否応なしに強化されていく。そして、「農協改革」のような農業と暴力的な地域経済破壊に対抗する「地域の共同の力」を形成しうるのである。[13]

かつて農協運動をリードした山口巌[14]は一九九三年一二月、米・乳製品など基幹的農産物の関税化(自由化)を認めた自由貿易協定(GATT)決定後に、こう総括した。

「消費者にとって一番大切な「食」の安全を守る自由化阻止運動が、なぜこうも簡単に敗れ去ったのか……われわれの運動が広範な消費者を巻き込んだ運動にまで発展出来ず、工業化社会の中で今や少数者と化してしまった農民の行動として位置づけられたためであり、……農協の日常性・社会性の欠落があった事を率直に認めなければならない」

農協はいままた、より困難な状況で同様の課題に直面している。「地域協同組合論争」への評価はさておき、山口のこの総括を踏まえ、都市農協の事例調査が意味するところを中間集約して、本章の結びとしたい。

都市農協は、これまでの組織運営を単に継承するのではなく、農と食をベースに、より広く地域住民・市民と共同するオルタナティブ（対抗軸）をつくりうる組織でなくてはならない。そして、主産地の農協においても、産直やグリーン・ツーリズム、さらにはインターネット利用などで消費者・都市住民との距離を縮める作業を付加することによって、同様の力を発揮しうるのではないか。このことについては、後の章で再度論証したい。

（1）高橋、第1章、前掲（2）など。
（2）高橋、第3章、前掲（3）。また、石見尚・河野直践と筆者らの共同作業（座談）を含めた一連の准組合員などに関する調査研究は、入手が困難であるが、高橋巌ほか著、全国共済農業協同組合連合会編『JA共済の事業基盤に関する調査研究報告書』（二〇〇三年）に所収されている。
（3）Faozìah Dina・土屋敦・飯田真弘「都市農協の事業及び組織活動の方向性に関する一考察―JA東京むさしの組合員の意向調査を踏まえて―」『農業経営研究』四八巻二号、二〇一〇年、七七～八二ページ。
（4）茂野隆一・尾中謙治「都市農協の地域に根ざした取組み」『農林金融』二〇一二年九月号、六四～七八ページ。

（5）小野澤康晴「都市農協の歴史を振り返る―資産管理事業、信用事業の面から―」『農林金融』二〇〇八年五月号。
（6）農水省『農林業センサス』、農水省『市町村別農業産出額（推計）』、横浜市資料、横浜農協「こんなにスゴイぞ！横浜の農業」などによる。なお、農業産出額の実数は二〇〇六年度が最新データで、以降は推計値である。
（7）統計上、総農家／販売農家の差異があるので概数であるが、減少の幅が大きい傾向は読み取れよう。
（8）横浜農協総代会資料、横浜農協資料。また、二〇一五年の現地ヒアリングによる。
（9）横浜農協『地域農業振興計画書』二〇〇五年、横浜農協『営農情報』二〇一五年六月号、横浜農協総代会資料、横浜農協「ハマッ子」資料、横浜農協資料などによる。
（10）二〇一二～二〇一六年の数次にわたる現地ヒアリングによる。
（11）河野、第1章、前掲（2）。
（12）http://www.city.yokohama.lg.jp/kankyo/nousan/tisantisyo/hf-navigator/hf-avigator026.html（最終確認二〇一七年五月一日）
（13）本章および第3章で紹介したひまわり農協の事例なども同様の性格を有する。
（14）山口巌「職能組織から地域協同組合への指向」『調査と情報』一九九六年七月号、二ページ。
＊本章は、高橋巌「TPP・『農協改革』推進下における都市型農協の現状と課題―都市農協における『農的事業』展開の重要性」（『農業・農協問題研究』第五七号、二〇一五年、二～一六ページ）をもとに、加筆修正したものである。

第5章　地域インフラを支える農協——厚生連と佐久総合病院

小磯　明

1　厚生連と農協福祉

なぜ、農協が病院を持つことになったのか

健康保険法が一九二二（大正一一）年に制定された目的は、労働者の健康を保ち、生活を安定させて社会主義革命を防止し、産業を振興させることであった。その背景には、第一次世界大戦終結後の不況による労働争議の頻発と、ロシアにおける共産主義政権誕生に対する危機感があった。健康保険法の対象は工場と鉱山の被用者（従業員）に当初限られ、国民の三％にとどまっていたが、雇用主が被用者を加入させる義務、保険料を労使で負担して給与所得から源泉徴収する方法は、現在も継承されている。

健康保険法が都市部の労働者を対象としていたのに対して、一九三八（昭和一三）年に公布された国民健康保険法（以下「国保」という）の主な対象は農民である。当時、国民の約半数を占め

る農家は一九三〇年代の世界大恐慌による貧困にあえぎ、貧困化する最大の理由が病気であった。こうした状況下で中国との戦争を拡大した陸軍は、「健民健兵政策」の一環として同法の成立を強く求めた。なお、厚生省が同年に設置されたのも、国民の体力を向上させるためである。

創設時の国保は、各市町村に設置された互助組織である国保組合によって運営され、設置も住民の加入も当初は任意であった。また、保険料で給付される範囲や患者負担の割合も各組合の裁量に任されていた。これらの点は国民皆保険達成時には改められたが、保険料を賦課（計算・徴収）する方法が市町村によって異なること、[1]農家は収入が収穫時までわからなかったので前年度の世帯収入に基づいて保険料が計算されることは、現在も踏襲されている。[2]

農村における問題は、受診する際の経済的な障壁だけではなく、そもそも地域に医療機関が乏しかったことである。[3]一九三〇年代には、開業実績によって医師免許を得た地元の医師はいなくなり、[4]新たに郡部で開業する者は少なかった。医師免許の整備を受けて、医師の都市への偏在が進んだと推測される。

そこで、郡部における医療を確保するため、一九一九（大正八）年に島根県に医療利用組合[5]が結成され、病院も開設した。こうした組合立病院は、昭和初期に全国数十カ所に設置された。その後、農村の事業を支援する産業組合法が一九三二（昭和七）年に改正されたことを受けてさらに増え、一九三七（昭和一二）年には一〇三となる。医療利用組合は一九四八年まで国保組合を代行し、保険者の役割とサービス提供者の役割の両方を担った。なお、医療利用組合が開設した医療機関は、農協法が施行された際に、各県における事情で、国保、市町村、県、厚生農業協同組合連合会（以下「厚生連」という）にそれぞれ移管された。

一方、都市部では、共同体としての結束力が弱く、保険料の徴収も難しい。そのため、とくに大都市では国保の設置が進まなかった。また、医療機関が多く存在し、開業医師の反対も強かったので、医療利用組合を開設する医療機関も少なかった。(6)

厚生連の沿革

厚生連の使命は、「組合員および地域住民が日々健やかに生活できるように、保健・医療・福祉の事業を通じて支援を行うことにより、地域社会の発展に貢献すること」である。(7)

農協の医療事業は、一九〇〇（明治三三）年に制定された産業組合法のもとで、一九一九（大正八）年一一月に、島根県鹿足《かのあし》郡青原村（現・津和野町）の信用購買販売生産組合が医療事業を兼営（前述した医療利用組合）したのが始まりである。目的は、窮乏している農村地域の無医地区の解消と低廉な医療供給であった。この運動は全国に広がり、戦時中は農業会に改組され、一九四八年に農業会が解散、農協法のもとで厚生連が継承して現在に至っている。

農協の医療事業は、農協法第一〇条第一項第一一号に「医療に関する施設」と規定されている。事業を開設するにあたっては、医療法上、都道府県知事の許可が必要である。一九五一年

表5－1　都道府県別の病院数・病院病床数、診療所数・診療所病床数

（件・床）

地　方	都道府県	病院数	病院病床数	診療所数	診療所病床数
北海道	北海道	11	3, 050	4	0
東　北	※岩　手			1	
	秋　田	9	3, 626	9	0
	福　島	6	1, 490	2	0
関　東	茨　城	6	2, 423	2	17
	栃　木				
	上都賀	1	352	0	0
	佐　野	1	531	0	0
	※群　馬			1	
	埼　玉	2	610	0	0
	※千　葉			1	
	※東　京			1	
	神奈川	2	787	3	0
中　部	新　潟	17	4, 105	8	19
	富　山	2	841	0	0
	※福　井			2	
	※山　梨			1	
	長　野	14	4, 022	13	0
	岐　阜	7	2, 077	0	0
	静　岡	4	1, 104	0	0
	愛　知	8	3, 644	2	0
近　畿	三　重	6	1, 794	1	15
	※滋　賀			1	
	※兵　庫			1	
中　国	※島　根			1	
	※岡　山			2	
	広　島	3	1, 294	2	0
	山　口	3			

地　方	都道府県	病院数	病院病床数	診療所数	診療所病床数
四　国	徳　島	3	766	1	0
	香　川	2	501	0	0
	※愛　媛			1	
	高　知	1	178	0	0
九　州	※熊　本			1	
	大　分	1	230	2	0
	鹿児島	1	184	1	0
合　計		110	33, 609	64	51

(注１)長野県厚生連の診療所数13には、PET・画像診断センターを含む。
(注２)広島県厚生連と大分県厚生連の診療所数２には、それぞれ健康管理センターを含む。
(注３)徳島県厚生連と鹿児島県厚生連の診療所数１は、それぞれ(農村)健康管理センターのことである。
(注４)上都賀・佐野は郡厚生連である。
(注５)2016年３月31日現在。
(注６)表中の空欄は、設置なしを表している。「診療所数」「診療所病床数」の「０」は、設置できるが、現状では設置していないことを示す。
(注７)※は、健康管理厚生連を表している。健康管理厚生連は、農協と一体となって組合員とその家族および地域住民の健康管理・増進を図る目的で発足した、病院を所有しない厚生連。
(出典)全国厚生農業協同組合連合会「平成28年厚生連事業の概要」(2016年)より作成。

表５－２　病院病床数の種類

(床・%)

総数	精神	結核	感染症	療養	一般
34, 460 (100. 1)	1, 913 (5. 6)	30 (0. 1)	122 (0. 4)	2, 684 (7. 8)	29, 711 (86. 2)

(注１)2016年３月31日現在。
(注２)総数に占める各病床数の構成割合は、端数の関係で100. 1%となる。
(出典)全国厚生農業協同組合連合会「平成28年厚生連事業の概要」(2016年)より作成。

に、「全国厚生農業協同組合連合会の会員である厚生農業協同組合連合会」は、医療法第三一条に規定する公的医療機関の開設者として厚生大臣から指定を受けた（厚生省告示第一六七号）。以来、とくに農村地域の医療・保健活動を積極的に推進している[8]。

表5―1は、地方別・都道府県別の病院数・病床数、診療所数・診療所病床数の一覧である。病院を持つ厚生連は四七都道府県中二一道県（四四・七％）にわたっており、二〇一六年三月末現在、一一〇病院を有している。一方、主に健診活動を行う厚生連が一二都県に設立され、合計すると三三都道府県（七〇・二％）に厚生連がある。

表5―2から病院病床数の種類をみると、総数三万四四六〇床のうち一般病床が八六・二％と圧倒的に多い。療養病床（主として長期にわたり療養を必要とする患者のための病床）は七・八％を占め、精神病床、結核病床、感染症病床も含めて政策医療を担っていることは、厚生連のもう一つの使命である。政策医療とは、国民の健康に重大な影響のある疾病に関する医療で、国の医療政策として国立病院機構などが担うべきものである。

厚生連の特徴

「厚生労働省医療施設動態調査（平成二六年三月末概数）」から、日本における医療機関の特徴をみると、二〇一四年三月末の病院施設数が八五一〇、病院病床数は一五七万一六九八床なので、厚生連の占める割合は、病院施設数で一・三％、病床数は二・二％である。

表5−3　厚生連の施設数

（件）

病院	110
診療所	66
へき地巡回診療車	44
特別養護老人ホーム	8
介護老人保健施設	32
訪問看護ステーション	107
在宅介護支援センター	15
地域包括支援センター	22
農村検診センター	22
生活習慣病検診車等	24

（注1）2016年3月31日現在。
（出典）全国厚生農業協同組合連合会「平成28年厚生連事業の概要」（2016年）より作成。

しかし、厚生連病院は人口五万人未満の市町村に四二・三％が立地し、農村地域の医療の確保に貢献している。同じ公的病院の日本赤十字社[9]、恩賜財団済生会《さいせい》[10]と比較すると、日赤一七・四％、済生会八・九％であり、いかに農村地域に多く立地しているかがわかる。[11] また、厚生連病院には、へき地巡回診療車や生活習慣病検診車などが配置され、農村検診センターを併設するなど、地域保健活動への積極的な取り組みが、他の公的病院にみられない特色である（**表5−3**）。

そして、地域住民の健康を守るため、生活習慣病の予防などに幅広く取り組み、がん検診・職場健診・人間ドックなど健康増進活動の推進を図っている。二〇一五年度に厚生連が実施した健康診断の受診人員は、一般検診・単独実施検査と人間ドックを併せて約三一〇万人に及ぶ。**表5−4**は、二〇〇五〜二〇一五年の「一般健診・単独実施検査」と「人間ドック」の実施人員数の推移を示したものである。二〇〇五年は一般健診・単独実施検査が三〇四万人と多いのに対して、人間ドックの実施人員数は四三万人であった。一方、二〇一五年は一般健診・単独実施検査が二六一万人に減少するが、人間ドックは約五〇万人まで増加している。これは時

表５－４　一般健診・単独実施検査と人間ドックの実施人員数の推移

（人）

年度	一般検診・単独実施検査	人間ドック	合　計
2005	3, 035, 569	432, 754	3, 468, 323
2006	3, 026, 650	442, 825	3, 469, 475
2007	2, 922, 981	459, 296	3, 382, 277
2008	2, 740, 530	469, 902	3, 210, 432
2009	2, 885, 700	473, 083	3, 358, 783
2010	2, 863, 084	490, 359	3, 353, 443
2011	2, 710, 577	490, 128	3, 200, 705
2012	2, 698, 334	486, 998	3, 185, 332
2013	2, 663, 822	505, 406	3, 169, 228
2014	2, 568, 169	515, 909	3, 084, 078
2015	2, 612, 862	495, 740	3, 108, 602

（出典）全国厚生農業協同組合連合会「平成28年厚生連事業の概要」(2016年)より作成。

代の変遷とともに、一般健診の需要が減少し、短期間の入院で全身の精密検査を行い、病気の早期診断や健康指導を行う医療施設が増加したことを意味する。

人間ドックを除く健診実施対象人員を二〇一五年度でみると、厚生連は約二六一万人である[12]。日赤は約四六万人、済生会は約五六万人なので、日赤の五・七倍、済生会の四・七倍になる。

北海道では、札幌など遠方の病院を利用する患者の割合が高い。しかし、大農業地帯の十勝地方では、患者の九割以上が地元の病院を利用する。なかでも北海道厚生連帯広厚生病院は「最後のとりで」として、小児科など不採算になりがちな診療科も幅広く備え、十勝地方全体の患者を受け入れている。多くの厚生連病院は地域の基幹病院として、さまざまなニーズに応える医療を提供してきた。

二〇〇二年五月に全面移転した愛知県厚生連安城更生病院は、旧病院のほぼ一〇倍の土地に、九階建ての病院と各種付属施設、駐車場を確保。安城市の市民病院的病院として、また西三河

図5－1　農協の高齢者福祉事業の取り組み体系

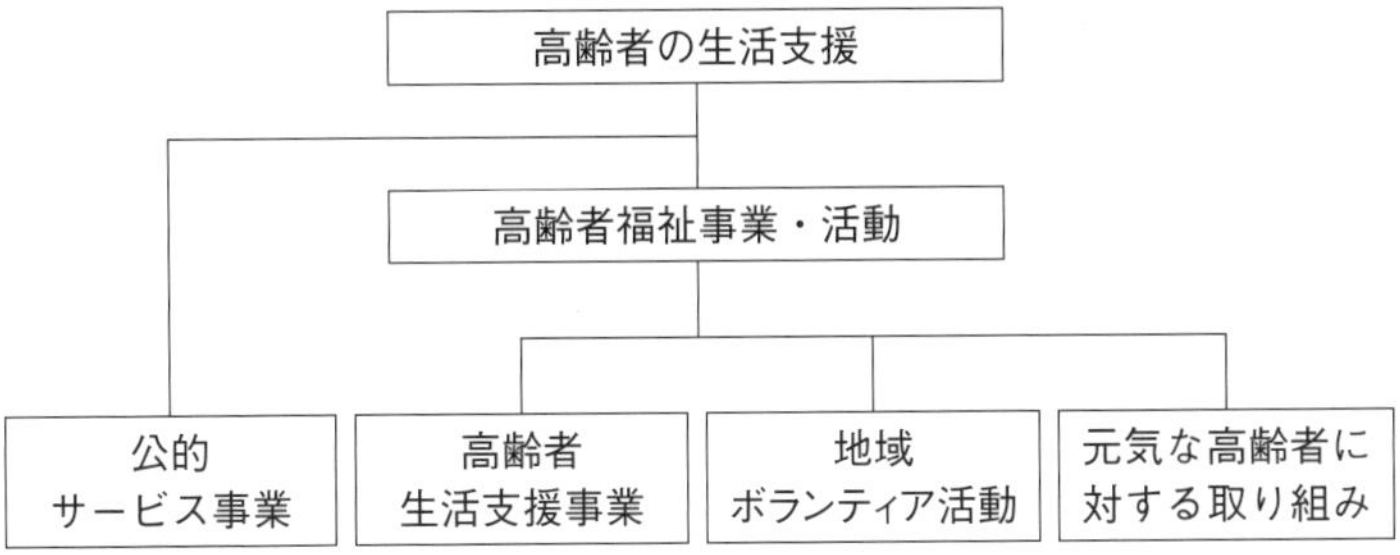

（出典）JAグループHP（https://org.ja-group.jp/about/group/other）を一部改変して作成。

南部医療圏の基幹病院として、患者中心の医療・保健・福祉を提供している。救命救急センターの指定も受け、西三河南部医療圏における第三次救急医療を担う医療機関である。二四時間三六五日、主に重症患者を中心に年間約九〇〇〇台あまりの救急車を受け入れている。

また、免震構造により建築された建物は、大震災時における地域中核災害拠点病院として機能するように設計されている。そして、全診療科参加型の救命救急センターとして各種センター機能（集中治療センター・小児医療センター・総合周産期医療センター）および各診療科と連携し、専門的診療が適切に開始されるまでの初期診療を担う。さらに、西三河南部医療圏で救急を担当する各医療機関および救急隊とネットワークを結び、救急搬送が迅速、安全にできるよう緊密な連携体制をとっている。

単位農協の高齢者福祉事業

地域の単位農協が行う高齢者福祉事業は、次の四つに分けられる（図5－1）。

①公的サービス事業――介護保険サービス事業、市町村受託事業など
②高齢者生活支援事業――公的サービス外などの農協事業による高齢者への生活支援
③地域ボランティア活動――農協の助けあい組織の活動や農協職員によるボランティア活動、農協の助けあい組織やボランティア組織との連携に向けた調査や窓口など
④元気な高齢者に対する取り組み――高齢者が集い、生きがいを共有する場の提供と健康寿命一〇〇歳プロジェクトの取り組みによる、健康の維持・増進

四つの事業・活動をすべて説明することはできないので、周南農協(山口県下松市・周南市・光市)の高齢者福祉事業を簡単に紹介する。周南農協は、訪問介護と居宅介護支援事業の事業所を三カ所ずつ、デイサービス事業は六カ所を擁し、福祉用具貸与事業も行っている。介護保険適用外事業としては、高齢者生活支援(実費での生活支援、福祉用具貸与、配食、住宅関連支援など)、教育研修(ホームヘルパー二級養成など)、高齢者住宅事業を手掛ける。さらに、行政の高齢者福祉サービスの受託事業(配食・給食事業、紙オムツ給付事業)も行い、事業従事者は二七〇名を超える。

介護保険事業を含む高齢者福祉対策においては、高齢者向けイベントを実施し、金融部門や直売所などの経済事業の活用を促し、農協の総合事業性が発揮できるような他事業との連携を図っている。こうした他事業との連携は、農協組合員の周南農協の介護保険事業への認知度を高めることにつながる。たとえば、周南農協の介護保険事業体制の確立に裏打ちされた賃貸に

よるサービス付き高齢者向け住宅（貸主は組合員）を運営するに至ったように、新たなビジネスの展開にもつながっている[13]。

一九九一年度から農協女性組織を中心に養成を進めてきたホームヘルパーは、二〇一一年度の累計数で約一二万人となった。農協の助けあい組織は一九九二年ごろから全国の各農協で立ち上がり、年々高齢化が進むなかで、ニーズに合わせた多様な活動を進め、高齢者の暮らしを支援している。現在、全国の助けあい組織数は六七〇にまで増えた。

農協が実施する公的サービス事業をみると、二〇〇〇年の介護保険制度スタートに合わせて介護保険事業に取り組み、二〇一二年四月現在、二九九農協で一〇二四事業所（介護予防事業所を除く）が居宅介護支援事業、訪問介護事業、通所介護事業、福祉用具貸与事業などを行っている。

また、一〇六農協では、市町村行政から委託された二一〇の「地域支援事業」に取り組んでいる。地域支援事業は、二〇〇六年四月に新たに創設された、介護保険の介護予防事業である。これらは、要支援・要介護認定で、非該当（＝自立）と認定された人も利用できる。市町村が実施責任の主体となり、地域包括支援センターが介護予防ケアマネジメントを行う。地域支援事業における介護予防事業には、対象者別に二つの種類がある。一つは、六五歳以上のすべての高齢者を対象とする「介護予防一般高齢者施策」、もう一つは要支援や要介護になる可能性の高い虚弱な高齢者を対象とする「介護予防特定高齢者施策」である。

地域支援事業の目的は、早い段階から高齢者ができるかぎり自立した生活を送れるように支援し、要支援・要介護状態の予防やその重度化の予防と改善を図ることで、介護保険の基本理念を徹底する事業としても位置づけられている。二〇一二年四月時点での全中(全国農協中央会)調べから、農協介護保険事業所数をみると、訪問介護事業三二五、通所介護事業一九七、居宅介護支援事業二九〇、福祉用具貸与事業一〇五、福祉用具販売事業九五、訪問入浴事業一二で、合計一〇二四事業所である。地域支援事業実施数では、配食(給食)サービス四四、軽度生活支援四三、いきがい通所サービス五八などである。

2　健康と平和を守る佐久総合病院

理念と健康・福祉のまちづくり

長野県厚生連佐久総合病院は、第二次世界大戦中の一九四四(昭和一九)年一月に、二〇床の病院として開院した[14]。翌年三月に赴任した若月俊一医師が、その生涯をかけた実践により大きく発展し、今日に至っている[15]。現在は三病院、二老人保健施設、一診療所に加え、農村保健研修センター、日本農村医学研究所、佐久東洋医学研究所などの関連施設からなる。また、長野県厚生連に所属する健康管理センターと佐久総合病院看護専門学校の運営も担っている(一四五ページ表5－5参照)。

このように佐久総合病院はきわめて多くの機能を有する病院複合体である。[16] 一貫して地域の医療ニーズに深く応え、地域づくりへの貢献を目指す実践を積み重ねてきた。[17] 若月は、「病院が町づくりに結びつく、地域づくりと結びつくということは、地域の人たちと一緒になるということです。佐久病院だけが勝手にやるんじゃない。地域の人の精神を受け入れて一緒にやるということ」であると述べた。[18]

たとえば「病院祭」は一九四七年から、二四節季の一つ「小満《しょうまん》」に佐久地方で開かれる「お蚕の祭り」＝「小満祭《こまんさい》」に合わせて行われ、近年では二日間の開催中に一万人を超える観覧者を数える。当初は「衛生啓蒙」的色彩の強い「病院展示会」であったが、時代とともに、回虫駆除から農薬中毒、公害問題、集団健診、有機農業、さらには寝たきり老人のケアや在宅ケアといった地域との連携が欠かせないテーマに変化してきた。内容も単なる展覧会から、健康相談や演劇が加わり、最近では観覧者と一緒になったカラオケ大会などのイベントや、商工会や地元農協と連携した特産物販売コーナーのように、「地域と一緒になって祭を楽しむ」形に変わっている。

そうしたなかで、「佐久総合病院再構築と健康・福祉のまちづくり」は、佐久総合病院にとって近年まれに見る最大のイベントであった。地域医療部の朔哲洋は、こう述べている。

「世代を超えた交流を起こし『医、職、食、住、遊、友』を創設していくことが、『健康と福祉のまちづくり』と考えます。そして、それはソーシャル・キャピタルを豊かにしていくことそのものなのかもしれません。佐久総合病院の再構築は、建物と医療提供に限れば、佐久病院の中だけでも可能かもしれません。しかし、『健康と福祉のまちづくり』を実現しなければ、本当の意味での健康を私たちは取り戻すことはできません。そのためには佐久病院のみならず、行政、地域の企業、商工会、ＪＡなどとの協働が必要です。そして最も重要なことは、住民一人ひとりが、佐久を愛し、臼田を愛し、自ら『まちづくり』に参加することです」（中略）「『健康と福祉のまちづくり』の真の主役は、地域住民です。そして最も重要なことは、住民一人ひとりが、佐久を愛し、臼田を愛し、自ら『まちづくり』に参加することです[19]」

地域医療ネットワークと文化運動

佐久総合病院グループの診療圏は神奈川県よりやや広いものの、人口密度はその二〇分の一にすぎない。とくに南部地域（南佐久郡小海町、佐久穂町、川上村、南牧《みなみまき》村、南相木村、北相木村、旧臼田町（現・佐久市））には多くの過疎地が存在し、医療機関は極端に少ない。

こうした地域の国保診療所[20]に常勤医師を派遣し、その中核となる分院や付属診療所、介護老人保健施設[21]、特別養護老人ホーム、訪問看護ステーション、居宅介護支援事業所[22]、地域包括支援センター[23]、さらには宅老所[24]を運営している。これらが有機的・機能的にネットワークを形成し、面としての地域包括的医療を担う（表5－5）。保健・医療・福祉の充実が地域社会のセーフティネットの基盤であり、文化活動をも促し、社会の継続性につながるのである[25]。

表５－５　佐久総合病院グループと地域医療ネットワーク

市町村	施　　設
佐久市	①佐久医療センター、②訪問看護ステーションひらね、③訪問看護ステーションあさしな、④訪問看護ステーションのざわ、のざわ居宅介護事業所、⑤佐久老人保健施設、⑥農村保健研修センター、⑦JA長野厚生連佐久総合病院看護専門学校、⑧佐久総合病院本院、⑨JA長野厚生連健康管理センター、⑩臼田地域包括支援センター、⑪訪問看護ステーションうすだ、⑫日本農村医学研究所、⑬佐久東洋医学研究所
佐久穂町	⑭佐久穂町地域包括支援センター、⑮訪問看護ステーションやちほ、⑯宅老所「やちほの家」、⑰佐久穂町障害者福祉施設「陽だまりの家」
小海町	⑱小海分院、⑲多機能型事業所「はぁーと工房ポッポ」、⑳小海診療所、訪問看護ステーションこうみ、㉑介護老人保健施設こうみ
北相木村	㉒北相木村へき地診療所
南相木村	㉓南相木村国保診療所
南牧村	㉔南牧村診療所、㉕特別養護老人ホームのべやま、㉖野辺山へき地診療所
川上村	㉗国保川上村診療所

（出典）長野県厚生連佐久総合病院『佐久総合病院のご案内』（2017年、１ページ）を一部改変して筆者作成。

保健・医療・福祉の充実が地域社会のセーフティネットの基盤であることには、誰も異論はないであろう。しかし、なぜ「文化活動をも促し、社会の継続性につながる」のかはわかりにくい。この点について説明しよう。

佐久総合病院は、医療運動とともに文化運動を行ってきた。それは地域の人とともに楽しみを分ち合いながら、連帯意識を深め、一緒に健康を守る運動を進めていくうえで、大きなプラスになってきた。若月は文化運動の必要性について、次のように述べている。

「私どもが出張診療活動を始めたのは、昭和二〇年一二月であった。その動機がまた、不思議にも演劇活動と軌を一つにするのである。(中略)予防医学活動へのニーズは、そのまま、病院の中にいて働くだけでは足りない、村の中に入っての運動、出張診療や巡回診療をやらなければならないというニーズに連結するのである」

「村の中では、医療運動と文化運動とが、結びつかざるを得ない。実践は、両者をいやおうなく結びつけた。やがて私どもの顔はひろくなり、しだいに町や地区の青年団や婦人会と連絡がとれるにしたがって、その要請に応じて、出張診療を広げることになり、それと結んで演劇活動も発展した」

「私どもは、地域住民の健康に関係する文化的問題について、できうる限り広範に手をひろげて仕事をやる必要がある」

「『八千穂村(現在の佐久穂町―筆者)の健康まつり』や佐久総合病院の『病院祭』などは全国的に有名である。この場合も、『長続き』することが主眼である。線香花火では何にもならない。それは『運動』ではない」[26]

また松島松翠は、「文化運動は、医療と地域を、あるいは病院と地域を結びつけるキーである。地域医療では、病院と住民との直接の対話が必要だが、その機会を地域での文化運動は与えてくれる」と解説し、「医療と文化とは切っても切りはなせない関係にある。病院は医療運動体であると同時に、文化運動体でなければならない」と述べている[27]。そして油井博一は「予防医学の啓蒙活動から始まった文化活動はさらに地域の中に広がり、住民が自ら健康を守ろうとする意識の改革へとつながっていきます。そしてそれは何よりも協同組合運動の精神と大きく関わっていました」と述べる[28]。

高齢者医療と介護の充実

人口動態の将来推計（国立社会保障・人口問題研究所、二〇一三年三月推計）によれば、佐久医療圏の人口は二〇一五年の二〇万九〇一六人から、二〇三五年には一八万九五四人まで減ると予想されている。同じ期間に、六五歳未満の人口は一四万五二二七人から一一万五〇六五人に二〇％も減少し、七五歳以上の後期高齢者数は三万二七四五人から四万九四六人へ二五％増加する。そして、高齢化率は二九・六％から三六・四％へ上昇すると考えられている[29]。当然、医療と介護の需要は伸びていく。それは、高齢者において著しい。

一方、都市部では、高齢者の増加はさらに深刻である。介護サービスの伸びが需要に追い付かず、介護難民の発生が心配されている[30]。その結果、移住者が増えるとも考えられる。医療や介護のサービスが充実した地域に人口が増加し、充実していない地域の過疎化が加速する可能性があるのだ。身近な第一線医療を担う佐久総合病院の役割として、保健・医療・介護を充実し、暮らしやすい地域をつくる必要がある。同時に、それによって過疎化を食い止める、あるいは人口増をはかることができるかもしれない。

さらに、日本の年間死亡数のピークは二〇三九年の一六七万人と見込まれているが、死亡率については二〇六〇年まで一貫して上昇していくと予想されている。[31] 看取りに対するサービスの充実も、重要な課題である。

キュアとケア

佐久医療センターは「キュア（治療）」を中心とした病院であり、佐久総合病院本院はキュアをしっかり行うのみならず、「ケア（思いやり・援助）」の心と「リハビリテーション（回復・再建・復興）」の精神を持って、患者・家族・地域を支援する病院である。基本構想には一四の病院機能が掲げられているが、ここではそのうち五つについて述べる。[32]

①診療内容

一次・二次救急医療[33]を提供し、重篤な救急患者に対する一時処置を行う。地域のニーズに即した一般医療機能を中心とした病院とする。佐久総合病院が歴史的に培ってきた総合力をさらに高め、患者を中心に職種を超えたスタッフが自在に集まり、必要とされる医療を提供する。高齢化に対応した医療の再編として、各診療科が連携した総合的な外来・病棟での診療を行う。専門外来の確保を行うとともに、災害時にも継続可能な診療機能を確保する。

②地域医療への取り組み

各診療科が地域の医療機関と連携して、「いつでも・どこでも・だれでも」必要な医療サービスが受けられる体制を目指す。在宅部門では地域ケア科を中心に、「命に対する援助と生活に対する援助」の両面からのケアを行う[34]。

③研修・教育・研究機能

農村医学を継承・発展させ、地に足のついた研究活動を奨励する[35]。医師、看護師をはじめとする医療技術者の教育や研修の場として、充実した機能を備える。家庭医・総合診療能力を有する医師の養成を目指し、研修医の外来・病棟・諸検査研修など、さまざまな疾患と病態に対応できる研修・教育機能を実現する。

④提供する医療の質

安全で質の高い医療を迅速に提供し、患者満足度も職員満足度も高い病院を目指す。

⑤地域社会との関係

地域住民との交流および文化活動をつうじて、ともに地域の発展に貢献する関係を築き、開かれた病院とする。病院・地域・健康のあり方に関して、地域住民と対話できる仕組みをつくる。地域の「健康祭り」「健康合同会議」「地域医療懇談会[36]」をともに継続・発展させる。「医・職・食・住・友・遊・学・農[37]」がそろった地域づくりに協力する。

3　医療と福祉が果たす地域経済活性化の可能性

メディコポリス構想と観光との結合

病院を中核とする地域経済活性化に関しては、川上武と小坂富美子の研究業績(38)がある。川上らは、佐久総合病院の発展過程の詳細な研究をとおして、「メディコポリス構想」というプランを見出し、日本の国土計画(とくにテクノポリス構想)と対置して提唱した。

メディコポリス構想は「医療によるまちづくり」と言われるが、正確には医療を中心とした教育、福祉、さまざまな産業による雇用の促進である。川上らが掲げた「地域再生へ向けての基本的条件」は、①医療・福祉システムの整備、②教育施設の充実、③住民の生計を確保できる産業振興であった。そして、この構想が「佐久総合病院の特殊性に終わるものではなく、公私の大型病院を中核とした医療ネットワークが確保されている地方なら、検討に値する課題」と述べ、構想の普遍性にも言及している。

宮本憲一は、この「メディコポリス構想」に「自然(環境)」と「町並」を加えることを助言し、佐久地域三町村の産業構造の推計や地域財政論の分析に基づいて、構想の経済的有効性を実証した。具体的には、産業連関表を使って佐久地域(旧臼田町(現・佐久市)、望月町(現・佐久市)、川上村、佐久市)の産業構造の推計(一九九〇年)を行っている。一見してわかるのは、臼田町の産業構造が他の市町村と違ってバランスがとれていることである。日本農村の典型といってよい望月町が、建設業（一三四四億円、構成割合二五・八％）への依存度が高いのに対して、臼田町は医療・保健部門が一四〇一億円（同一八・五％）で、建設業の推計額一四七八億円（同一九・六％）に匹敵する生産額をあげ、望月町の建設業推計額より大きい。雇用では建設業が八二〇人であるのに対して、佐久総合病院だけで一四五〇人の従業員を有している。公共事業依存型の農村社会をどう再生するかという課題を臼田町はみごとに示していた[39]。

戦後の都市化・工業化の中で衰退した農村の雇用を支えてきた国庫補助金による公共事業が、バブル崩壊と財政危機によって激減していくとき、農村経済はどうなるか。健康へのニーズが高まり、高齢社会が出現する中で、医療・保健・福祉が地域経済でどのような経済効果を生むのかを、宮本らの研究は明らかにしようとしたのである。

では、今後の農村社会を維持していくには、どのような戦略が必要なのか。宮本らは二つの方向を提案した。

一つは、医療・保健・福祉の共同体を核にして、他の産業（福祉機器・医薬品製造など）や教育機関との結合・集積を図ること、つまりメディコポリスと同じ構想である。そこに環境保全（景観保全・公園化）を加えて、メディコ・パルコ・ポリス構想としている（パルコはイタリア語で「公園」を意味する）。しかし、当時の日本社会の動向からみると、農村社会の衰退はとめられないと指摘する。

他方で、都市の協力なしに農村は維持できない。幸い、長野新幹線（現・北陸新幹線）の開通によって、佐久地方は東京圏の周辺に入った。この地理的条件を活かして、医療・福祉と農業だけでなく、観光との結合を考え、宮本は次のように述べている。[40]

「これまで観光といえば、遊興と同一視されたが、いまは参加型の多様な観光が主体である。有機農業の農家は、東京圏の学校などと連帯し、農作業をしてもらって、農村生活を楽しんでもらい、安全な食品を提供する試みをしている。同じように、大都市の市民や医学生などが佐久総合病院を利用して医療・保健・健康学習をすることも、新しい観光である。このように、都市と農村の共生モデルをつくることが、新しい農村の地域戦略である」

そして、「佐久総合病院が医療にとどまらず、保健、福祉や教育などの関連部門を統合、あるいは連帯させていったことは成功のカギであろう。より一層の複合体が形成されることによって、農村の所得と雇用の維持に貢献できるであろう」と述べ、「医療産業クラスターをつくり、そのネットワークを佐久全域に広めていくのである」と結論づける。

このメディコポリス構想は、佐久総合病院の行動綱領に掲げられるなど、現在でも同病院の再構築の指導理論になっている。[41]

社会保障産業は所得波及効果も雇用誘発効果も高い

社会保障は国民経済や財政の中で大きなウェイトを占める。財団法人医療経済研究・社会保険福祉協会医療経済研究機構では、二〇〇四年に医療と福祉の産業連関に関する分析研究を行った[42]。一般的に、ある産業に対する需要が増えると、その産業の生産が増加し、原材料の購入などを通じて次々と各産業の生産が誘発される。これを「波及効果（生産誘発係数）」という。このような各産業における一次的な生産増の結果、それぞれの産業で働く人びとの所得が増える。その所得増が消費を増大させ、消費増がさらなる生産を呼ぶことを勘案して算出したものが「総波及効果」である。

厚生労働省は、社会保障関係事業の総波及効果は全産業平均よりも高く、精密機械や住宅建築と同程度であると指摘している[43]。主な産業の雇用誘発効果を以下に数値で示す。

不動産＝〇・〇一六三六、電力＝〇・〇三八七三、農林・水産業＝〇・〇六三四二、通信＝〇・〇六五五九、金融・保険＝〇・〇七〇五六、精密機械＝〇・〇七七八五、運輸＝〇・〇九九〇一、公共事業＝〇・〇九九七〇、住宅建築＝〇・一〇一一七。

それに対して、社会保障産業のほうが高い。医療＝〇・一〇五七二、社会保険事業＝〇・一〇八九二、保健衛生＝〇・一二二九九、社会福祉＝〇・一八六〇九、介護＝〇・二四七八六。

では、雇用に関してはどうだろうか。やはり医療経済研究機構の研究により、社会保障分野の雇用誘発効果を、「雇用誘発係数」（ある産業において需要が一単位発生したときに直接・間接にも

表5－6　産業連関の波及効果

産　業	①生産誘発係数（逆行列係数）	②雇用誘発係数（人／100万円）	③所得＝消費の追加波及を含む生産誘発係数（追加波及係数）	④所得＝消費の追加波及を含む生産誘発係数（拡大総波及係数）
公共事業	1.847276	0.099697	2.404065	4.114886
医療（国公立）	1.826740	0.117924	2.894899	4.887064
介護（居宅）	1.417652	0.247862	2.743361	4.233236
社会福祉（国公立）	1.388726	0.186089	2.795744	4.288911
社会保険事業（国公立）	1.571776	0.108916	2.622838	4.192712

たらされる労働力需要の増加を示す数値）を用いてみてみよう。社会保障分野、とくに介護分野は労働集約的であるため、雇用誘発係数は主要産業よりも高く、社会保障関係事業には高い雇用誘発効果があると結論している[44]。

また、宮澤健一の研究[45]から、産業連関の波及効果を公共事業と比較して、医療（国公立）、介護（居宅）、社会福祉（国公立）、社会保険事業（国公立）を抜粋してみた。表5－6に、①生産誘発係数、②雇用誘発係数、③所得＝消費の追加波及を含む生産誘発係数（追加総波及係数）、④所得＝消費の追加波及を含む生産誘発係数（拡大総波及係数）の順に示す。②③④を見ると、公共事業より医療、介護、社会福祉、社会保険事業の係数はいずれも大きい。

以上の研究は、病院を中核とする地域経済活性化の可能性を示唆している。全国の厚生連病院と佐久総合病院が地域で医療と介護を軸としたネットワークを形成し、地域住民の健康を守りながら同時に地域経済活性化を促進する役割を検証していけば、社会保障費を抑制する現在の政策が正しくないことと、厚生連の医療と単位農協の介護事業が地域に果たす役割の大きさが実証されるはずである。

4　医療と福祉を担う厚生連と農協の役割

医療と福祉は、人間が生活するうえでもっとも基本的なインフラストラクチャーである。今日的課題として医療福祉サービスを産業として考えた場合、社会保障による雇用創出に大いに可能性があることはすでに述べた。

近年、自由時間の増大や個性や能力を重視する価値観の広がりなどを背景に、社会参加による自己実現を図ろうとする意識が高まり、ボランティア・NPO活動への参加の動きが大きな広がりをみせている[46]。地域社会の変容や住民意識の変化が進む一方で、終戦後のベビーブームに生まれた世代（いわゆる「団塊の世代」）が退職年齢に達し、職域を生活の中心としていた多くの人びとが新たに地域の一員として入ってくる。彼らをはじめとして、地域での活動を通じて自己実現をしたいというニーズは高い。住民が主体的に福祉に参加することで、住み慣れた地域でこれまでの社会的関係を維持しながら、生きがいや社会的役割を持ち、より豊かな生活につながることが期待される[47]。

たとえば、内閣府の『「地方再生に関する特別世論調査」の概要』（二〇〇九年）では、「地域が元気になるための活動に参加したいと思うか」の問いに、七三・二%が「参加したい」(二〇〇七年は七〇・四%)と答え、「中心となって活動すべき人々、団体」(は誰か・どこか—筆者)には、「住民一人ひとり」が六二・二%(第一位、二〇〇七年調査も一位で四七・一%)と答えている。さらに、「地域が元気になるために特に期待する政策」(は何か—筆者)の問いには、五九・二%が「多様な世代が共に暮らせるための福祉、医療の充実」(第一位、二〇〇七年調査も一位で五六・三%)と答えていることは注目すべきである。

こうした住民の社会参加の動きを結集し、今後の社会において一層大きな役割を担うことが期待される協同組合やボランティア、NPOや社会福祉協議会などと行政との連携は、一層求められている。歴史や文化を活かした参加型まちづくりの実現に向けて、多様な参加組織の形成とともに、関係機関の積極的な支援が期待される。

病院という医療産業だけで考えるのではなく、地域のコミュニティのニーズが食生活や健康や自然や景観と結びついたものが農村の医学であろう。筆者は、そこに厚生連があるから医療提供すべきであるとか、そこに農協があるから介護サービスを提供すべきだとは考えていない。そうではなく、すでに、地域に所在している厚生連と単位農協が提供する保健・医療・福祉(介護)は、なくてはならないものであるという事実について述べているのである。

筆者はまた、協同組合という組織形態だけを持って、地域医療に貢献する厚生連とは考えない。協同組合組織という形態が、地域や周辺と社会資源や地域住民との関係性を構築するための努力をするところに、問題の核心があると考える。

(1) 一九五八年の新国民健康保険法施行後も、各市町村が独自に考案した保険料を賦課する方法が踏襲された。計算方法は、世帯の収入と所有する不動産による「応能」部分と、世帯の人数と世帯単位による「応益」部分に大きく分かれ、その構成比は市町村ごとに異なる。もっとも単純な方法は、収入と世帯人数だけで決める「二方式」である。こうした賦課方式の相違のほか、各市町村における保険料の水準は、市町村の一般会計から赤字分を補填する程度、国からの調整額によっても異なる。

(2) 保険料が賦課される所得の上限額も、最高等級の標準報酬月額を徴収する被保険者が全体の一・〇〜一・五%の範囲になるように調整でき、給与収入では約一〇四〇万円である(厚生労働省「平成二八年度の国保保険料(税)賦課(課税)限度額の見直し」(http://www.mhlw.go.jp/file/06-Seisakujouhou-12600000-Seisakutoukatsukan/kokuhofuka.pdf.)最終確認二〇一七年二月二二日。

(3) 細江詢次『農村医療活動と農協』(日本経済評論社、一九八二年)では「農村医療発生の素地Ⅰ・Ⅱ」が述べられている(二九〜六一ページ)。当時の農村医療の実情を知ることができるので、参照されたい。

(4) 日本の医制転換の特徴は、漢方医を制度的に排除し、西洋医学への転換そのものは徐々に行われた点である。まず、医制制定の前年に、それまで医師によって生計を立てていた者に対して、学歴・職歴を報告させたうえで、無試験で開業許可の鑑札を与えた。次に、医師開業試験を一八七五(明治八)年に東京・京都・大阪の三府に導入し、翌年に全国で実施した。そして、最大の特徴は、一八八四(明治一七)年に医師免許規則と医術開業試験規則が施行される前年に、開業許可を得ていた医師の二五歳以上の男子子弟に対して無試験で免許を与えて、家業の継承を保証した点にある(池上直己『日本の医療と介護――歴史と構造、そして改革の方向性』日本経済新聞出版社、二〇一七年、一三～一四ページ)。
(5) 賀川豊彦は、医療の大衆化をはかり、数々の困難を克服して東京医療利用組合を組織し、組合による〝われらの病院〟を設立して、安い診療費で多くの病人を救った。こうした賀川の兄弟愛精神による協同組合運動は、産業組合の枠を越えて、普及の先例を全国各地に展開し、多くの医療利用組合が設立されていく(賀川豊彦［復刻版］『協同組合の理論と実際』日本生活協同組合連合会、二〇一二年、一二二ページ)。
(6) 医療利用組合の設置と運動については、青木郁夫『医療利用組合運動と保健国策』(高菅出版、二〇一七年)がもっとも詳しい。
(7) 全国厚生農業協同組合連合会「平成二八年厚生連事業の概要」二〇一六年、一ページ。
(8) 全国厚生農業協同組合連合会『五十年の歩み　全国厚生連五十年史』第1章、第2章、参照。国民医療研究所編・野村拓監修『21世紀の医療政策づくり』本の泉社、二〇〇三年、第3章、参照。
(9) 日本赤十字社は、日本における赤十字社。一九五二年に制定された日本赤十字社法によって設立された認可法人。社員と呼ばれる個人と法人参加者の結合による社団法人類似組織で、略称は「日赤」である。
(10) 済生会(Social Welfare Organization Saiseikai Imperial Gift Foundation, Inc.)は、日本の慈善事業団体である。正式名称は、社会福祉法人恩賜財団済生会。名称は明治天皇の勅語に由来し、恩賜財団の文字は小さくして二段の組文字にするのが公式な表記である。ただし、登記上はこのような表記ができないので、一行で表記している。
(11) 前掲(7)、三ページ。

（12）前掲（7）、五ページ。
（13）小田志保「JAの介護保険事業の現段階の課題と対応―先進事例を参考に―」『農林金融』二〇一二年四月号、三九～五三ページ。
（14）若月俊一『村で病気とたたかう』岩波新書、一九七一年。
（15）若月俊一監修、「佐久病院史」作製委員会編集『佐久病院史』（勁草書房、一九九九年）に詳しい。
（16）複合体については、二木立『保健・医療・福祉複合体――全国調査と将来予測』（医学書院、一九九八年）参照。
（17）山岡淳一郎『医療のこと、もっと知って欲しい』（岩波ジュニア新書、二〇〇九年）を参照されたい。
（18）『農民とともに』第四〇号、佐久総合病院、一九九六年。
（19）朔哲洋「佐久総合病院再構築と健康・福祉のまちづくり――地域医療センターは、何をめざすのか」佐久総合病院・信州宮本塾合同研究会『地域医療とまちづくり――佐久病院の再構築から』二〇〇九年、三三～四二ページ（http://www.sakuhp.or.jp/ja/reconstruction/000218.html 最終確認二〇一七年二月二二日）。
（20）国民健康保険診療施設（以下「国保直診」という）は、市町村が国民健康保険を行う事業の一つとして設置したもの。地方自治体は、住民の福祉を増進する目的で「公の施設」を設置できることになっており（地方自治法第二四四条）、その一つとして公立病院・公立診療所を設置している。一方、国民健康保険事業を行う保険者である市町村は、国民健康保険の保健事業の一つとして病院・診療所を設置できる（国民健康保険法第八二条）。すなわち、国保直診は、地方自治法に基づき設置された「公の施設」であると同時に、国民健康保険法に基づき設置された「病院・診療所」である（全国国民健康保険診療施設協議会 http://www.kokushinkyo.or.jp/tabid/61/Default.aspx 最終確認二〇一七年二月二二日)。

(21) 介護を必要とする高齢者の自立を支援し、家庭への復帰を目指すために、医師による医学的管理のもとで、看護・介護といったケアはもとより、作業療法士や理学療法士によるリハビリテーション、栄養管理・食事・入浴などの日常サービスまで併せて提供する施設。介護保険法による被保険者で要介護認定を受けた要介護度一～五で、病状が安定していて入院治療の必要がなく、リハビリテーションを必要とする人が利用できる(全国老人保健施設協会 http://www.roken.or.jp/wp/about_roken 最終確認二〇一七年二月二二日)。

(22) 要介護(一～五)の認定を受けた人が最適な介護サービスを受けることができるようサポートする専門家、ケアマネジャーが所属。自宅で介護保険サービスを利用するために必要なケアプランを、ケアマネジャーが作成・管理する。

(23) 主な設置主体は市町村。各地域のセンターには、保健師(もしくは経験豊富な看護師)や社会福祉士、主任ケアマネジャーが配置され、高齢者の介護予防や日々の暮らしをサポートする。介護だけでなく、福祉、健康、医療などの分野から総合的に高齢者とその家族を支える機関である。高齢者自身はもちろん、家族や地域住民の悩みや相談を、適切な機関と連携して解決する。

(24) 文字どおり「託児所」の「児」を「老」に変えた介護事業所。デイサービス(日中に日帰りで、入浴・食事・レクリエーションなどのサービスが受けられるセンターへ通う)、訪問サービス(利用者の自宅にホームヘルパーが訪問し、食事や排泄などのサポートを行う)、宿泊サービス(夜間も宿泊できるサービス。一カ月単位のほかに一日単位にも対応可)の三種類がある。最大の特徴は、小規模だからこそ利用者のニーズに臨機応変に対応できること。たとえば、冠婚葬祭など急な用事でどうしても明日だけ宿泊したいというケースにも、対応してもらえる。

(25) 長野県厚生連佐久総合病院『佐久総合病院のご案内』二〇一七年、九ページ。
(26) 若月俊一『若月俊一著作集第七巻』労働旬報社、一九八六年、一〇六ページ。
(27) 松島松翠編著、佐久総合病院監修『現代に生きる若月俊一のことば――未来につなぐ農村医療の精神』家の光協会、二〇一四年、三七ページ。
(28) 油井博一「人と地域を耕す―佐久病院の文化活動のめざすもの―」JA長野厚生連佐久総合病院『佐久総合病院創立六〇周年記念誌　おかげさまで六〇年』二〇〇五年、二二～二四ページ。
(29) 日本医師会「JMAP地域医療情報システム」(http://jmap.jp/cities/detail/medical_area/2001 最終確認二〇一七年二月二二日)より筆者が計算。
(30) 二〇二〇年以降は東京圏の高齢化率が二六%を超え、急激な高齢化局面に突入する。若者流入が続くとしても、団塊の世代をはじめ在住者が大量に高齢期を迎えるからである。これに対して、地方の多くは高齢化率の伸びが徐々にダウンし、ピークを迎えて安定化する。たとえば、二〇〇〇年時点でもっとも高齢化が進んでいた島根県は、二〇四〇年代に四〇%近くに達した後は概ね横ばいとなる。二〇五〇年代には、東京圏も地方圏もほぼ同じ水準となる。また、七五歳以上の後期高齢者の増加が著しいが、東京圏の増加数が三分の一を占めるという(日本創成会議首都圏問題検討分科会『東京圏高齢化危機回避戦略――一都三県連携し、高齢化問題に対応せよ』二〇一五年六月四日、二～三ページ)。
(31) 厚生労働省『平成二八年版厚生労働白書』二〇一六年、一三ページ。
(32) 佐久総合病院本院の基本構想について院内で議論を重ね、「基本構想(案)」を修正し、「基本構想(改訂版)」として、臼田地区住民説明会(二〇一四年七月)に説明した。
(33) 救急医療においては患者を三つに区分する。もっとも軽症な患者を扱う医療機関を一次救急(初期救急)といい、外来での対処が可能な患者に対する処置を行う。入院と手術が必要だが緊急度が低い患者を扱う医療機関を二次救急という。

(34) 生活に対する援助はわかりにくいかもしれない。患者を初めて診るとき、「ただ表に現れた症状を聞くだけではなくて、その陰にある家庭での暮らしの状況をしっかりとつかまえなければ、本当の診断はできない。家族の人数、その人間関係、仕事の内容(共稼ぎの有無も含め)などは直接健康に関連してくる」(前掲(27)、一五〇ページ)。また若月は「私たち病院に勤める者は、患者を診るには、その家庭状況をまずつかまえなければね。人間は一般に、家庭の中にこそ生きているんですからね」とも述べている(若月俊一・石田和男『人間・医師・教師——医療と教育の接点』あゆみ出版、一九八三年)。こうした考え方は、現在の佐久総合病院にも引き継がれてきた。北澤彰浩は「地域のニーズ把握において重要なことは、まず一に現場、二に現場、三、四がなくて五に現場にあろう。この考え方は、佐久総合病院が、昭和の時代に『地域医療のメッカ』と言われたゆえんでもある。(中略)つまり、『地域へ出なさい』『病院という守られたお城のなかだけに居てはいけない』というのが基本的な考え方だったのだ」と述べている(北澤彰浩「在宅医療の最適マネジメント術1地域のニーズ」『月刊/保険診療』二〇一五年一二月号、三一ページ)。

(35) 「若月先生には、専門の学会誌に発表した原著といわれるような論文も多いが、そのほかに農民や住民に対して医学的内容をやさしく解説した雑誌や新聞の記事も少なくない。また地域へ出ての講演の際には、農夫症や農薬中毒など、当時の最先端の研究を分かりやすく話してくれた」(前掲(27)、一三二ページ)。「私なんかの考えでは、学問の方法は厳正でなければならない。それぞれの専門学会で発表できるような、きちんとした科学的な方法を持ったものでなければならないと深く考えています。けれども、同時にそれを(中略)、その結論で農民に直接お役にたつ部分は、農民にお返しする、お知らせするということが非常に大切じゃないか、いや、それこそ私どもの任務じゃないかと思っている次第です」(若月俊一『農村医学』勁草書房、一九七三年、一七ページ)

(36) 工藤きみ子「長野県・佐久、川西地域における地域医療懇談会の取り組み」「医療を守る運動」研究プロジェクト編著『地域医療の未来を創る――住民と医療労働者の協同』旬報社、二〇一六年、一八一～一九一ページ。

(37) 医＝地域医療、職＝職業、食＝安心・安全な食事、住＝住宅・居住系福祉施設、友＝友人、遊＝遊び、学＝学び、農＝農業。

(38) 川上武・小坂富美子『農村医学からメディコポリス構想へ――若月俊一の精神史』勁草書房、一九八八年、二二ページ。川上武・小坂富美子「メディコポリス構想と都市計画を結ぶもの」川上武・小坂富美子『戦後医療史序説――都市計画とメディコポリス構想』勁草書房、一九九二年、一六四～二〇〇ページ。

(39) 宮本憲一・遠藤宏一編著『地域経営と内発的発展――農村と都市の共生をもとめて』(農山漁村文化協会、一九九八年、一〇〇ページ)より計算。

(40) 宮本憲一「地域経済と佐久病院――持続可能な地域と内発的発展」前掲(28)『佐久総合病院創立六〇周年記念誌』五一～五三ページ。

(41) 清水茂文「メディコポリス構想と農村医科大学(上・下)」『社会保険旬報』№二三八八、一〇～一五ページ、№二三八九、二二～二七ページ、社会保険研究所、二〇〇九年。前掲(19)『地域医療とまちづくり』。伊澤敏「特集 地域創生に病院は貢献するか［事例］都市再生と医療・病院 佐久総合病院の地域づくり――メディコ・ポリス構想」『病院』二〇一五年七月号、四八六～四九〇ページ。

(42) 医療経済研究・社会保険福祉協会医療経済研究機構編「医療と福祉の産業連関に関する分析研究

報告書」二〇〇四年。
(43) 厚生労働省『平成二〇年版厚生労働白書』一九九八年、二八~三〇ページ。
(44) 雇用誘発係数は労働需要への効果を意味するが、労働供給面で人材確保が間に合わないなどの場合は誘発効果が実現しないことに留意が必要である。
(45) 宮澤健一「医療―介護の福祉的・財政的・産業的三潮流とその交錯」医療経済学会雑誌/医療経済研究機構機関誌『医療経済研究』一八巻二号、二〇〇六年、七九~九三ページ。
(46) たとえば、東京都生涯学習審議会は、「二〇〇六年一二月の教育基本法改正は、学校教育といった従来の教育行政の枠組みでは捉えきれない領域の重要性を指摘している。とくに教育基本法第一三条として新たに規定された「学校・家庭及び地域住民等の相互の連携協力」は、子供たちの教育が学校だけではなく、家庭(保護者)、地域住民、NPO、企業といった多様な主体の力によって担われることを示した条文として画期的な意義を持っている」と述べて、学校教育においても多様な主体の力を強調している(「東京都における『地域教育』を振興するための教育行政の在り方について―社会教育行政の役割を中心に―」二〇〇八年一二月)。
(47) これからの地域福祉のあり方に関する研究会報告書「地域における「新たな支え合い」を求めて―住民と行政の協働による新しい福祉―」二〇〇八年三月三一日。

第6章　離島の農協が取り組む移動信用購買車事業――山口大島農協

高橋　巌

1　山口大島農協の立地する地域と農協組織の概要

過疎化・高齢化が進む離島・周防大島[1]

山口大島農協が立地する山口県大島郡周防《すおう》大島町は、県内最東部の瀬戸内海上にある離島・周防大島（屋代島）と周辺島嶼の一部を含む地域である。二〇〇四年一〇月に旧大島町・久賀《くか》町・橘町・東和町の四町が合併して誕生した（図6―1）。周防大島町の面積は一三八㎢で、島の規模としては瀬戸内海で淡路島・小豆島に次ぐ三番目である。

一九七六年に開通した大島大橋により対岸の柳井市（旧・大畠町）と結ばれ、自動車での往来も可能になったことから、本土との間に交通上の大きな格差はない。ただし、かつては離島特有の厳しい経済環境からハワイ移民を多く輩出し、その流れとして近年までUターン者が多いなど[2]、離島としての文化は色濃く残る。著名な民俗学者・宮本常一の故郷としても知られてい

図6－1　周防大島町の位置

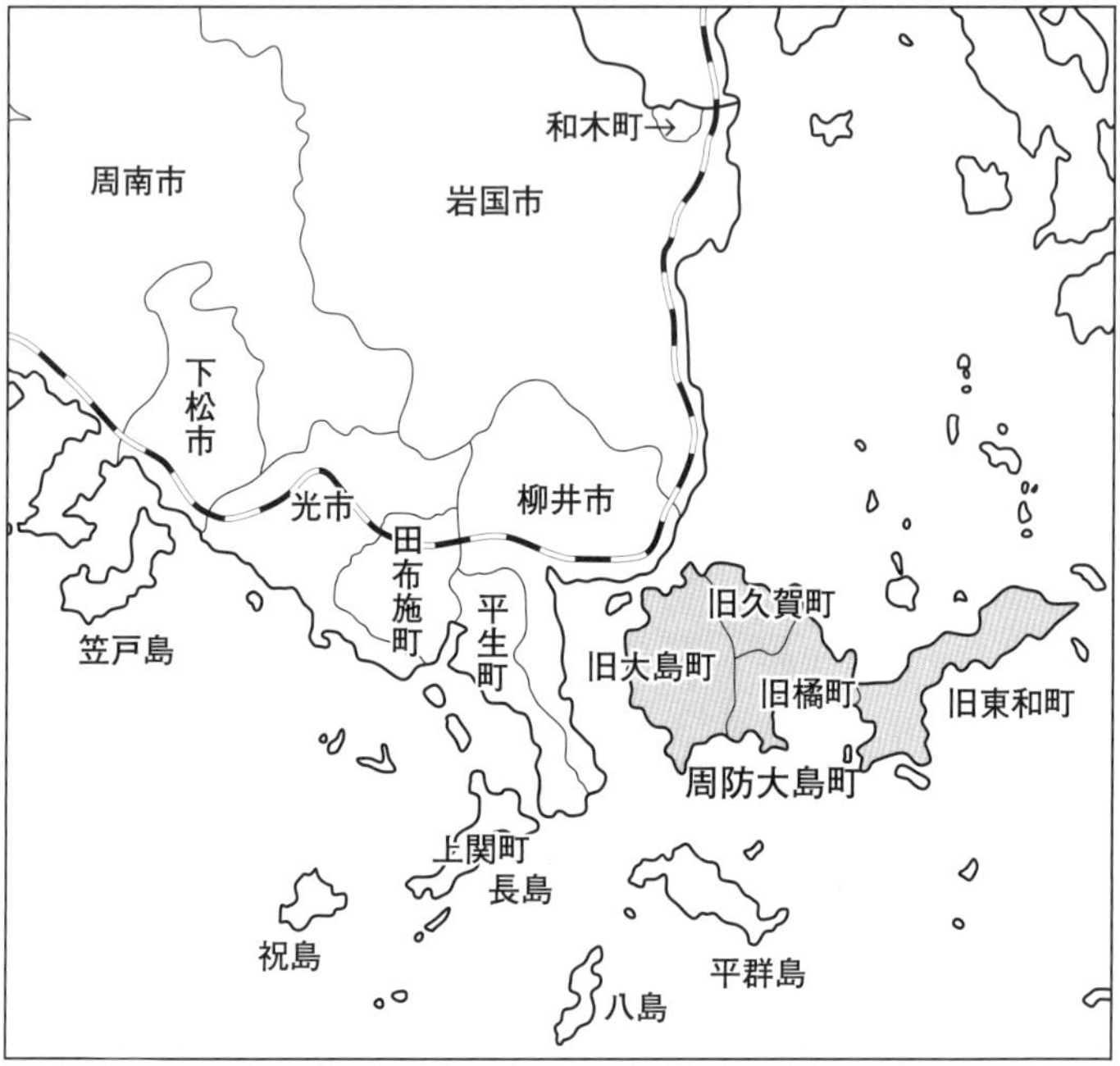

る。

二〇一七年の人口は一万七〇三〇人（住民基本台帳）で、高度経済成長期に入る一九六〇年の四万九七三九人と比較すると約三分の一にまで減少した。高齢化率は一二・三％から五二・三％（二〇一七年）にまで上昇し、人口の過半数を高齢者が占めている。旧四町とも一九四〇年代後半から人口減少が始まっており、二〇〇〇年時点で旧東和町の高齢化率は五〇・六％と、全国一高齢化率の高い町であった。直近でも、日本の高齢化率が二七・三％、山口県が三二・八％（二〇一六年）であることから考えると、とくに過疎化・高齢化が進んだ地域であることがわかる。

この背景にあるのが、周防大島の産業構造である。島の主要な産業は、従来から農業・漁業である。農業はかつてサツマイモ生産が中心であったが、一九六〇年代の農業基本法農政以降は、古くから生産され適地適作であったみかんなど柑橘類を選択的規模拡大の対象とした。このため、島の多くの農地が樹園地（みかん畑）に転換され、農業は旧大島町における一部の米を除き、柑橘類に特化していく。柑橘類は農家所得の中心となり、島の経済に大きく貢献したものの、一九七〇年代前半以降の生産調整や一九九一年の柑橘類輸入自由化により大打撃を受けて、生産量は大幅減少に転じ、農家の農業所得も大きく減少した。

二〇一六年度の柑橘類生産量は五一七二トンで、全盛期（一九七一年度）の約一割にとどまる。山間部を中心に樹園地の耕作放棄も著しく、島内の耕作放棄地には篠竹類が繁茂して問題となっている。農業・漁業以外に主要産業がなく、柑橘類が主要かつ唯一の農産物でその生産への打撃が大きかったことが、過疎化・高齢化に拍車をかけたといってよい。とはいえ、現在も主な農産物は柑橘類で、経営耕地面積一七六〇haのうち樹園地が約八割を占める。また、山口県内の柑橘類生産量の約八割は周防大島産であり、「山口みかん」と言えば、ほぼ「周防大島産」と同義の位置にある。

従来から農業生産力に限界があったため、明治期のハワイ移民をはじめ、島外への他出・出稼ぎが多かった。同時に「故郷に錦を飾る」Ｕターンも多く、他出した農家の後継ぎが定年後

Uターンして就農する「定年帰農」が一九八〇年代に多く出現している。柑橘類生産の担い手として、農協がこの定年帰農を支援したこともあり、この層が地域農業で重要な役割を果たしてきた(3)。

近年はこのUターン者が減少してきたことから、町はグリーン・ツーリズムや移住対策などIターン者の積極的な受け入れに力を入れている。この結果、二〇一二～一三年にかけての人口は、他の市町村に転出する者より転入者のほうが多い「社会増」となるなどの効果が表れた。しかし、こうしたIターン者には高齢層も目立っており、今後は、外出が困難になる高齢者の増加に対して、買い物など生活インフラの整備をどう図るかが、大きな課題となっている。

山口大島農協の概要(4)

山口大島農協は、町合併に先立つ一九九三年に東和町を除く旧三農協が組織合併して誕生した。その後二〇〇四年に東和町農協と再合併し、全町一農協である現在の組織となった。二〇一六年度末の組合員は五四八四人(正組合員三一四四人、准組合員二三四〇人)である。

農産物の販売高は一〇億四七〇八万円、うち柑橘類を中心とする果実が九億六五四一万円と、九割以上を占めており、販売事業のほとんどが柑橘類で成り立っていることがわかる。なお、二〇一六年度は「裏作」(柑橘類はじめ果樹は隔年で生産の「表」「裏」が発生する)のため、果実販売高は前年対比七七・五%である。

厳しい生産環境のもとで、農協は生産支援対策を展開してきた。選果場を一カ所に集約して、農協オリジナルブランド「せとみ」を販売拡大し、さらにこのうち糖度が一三・五度以上のものを「ゆめほっぺ」と名付けてブランド化し、市場での共販力を高めたり、少量多品種化による出荷期間の通年化を図っている。

購買事業は二〇億二四七四万円で、本章で取り上げる移動信用購買車事業など買取購買品(生活物資)事業は一一億九三二九万円(粗利益で二億三八三九万円、購買事業に占めるシェア約五九%)と、重要な位置を占めている。

一方、信用事業は、期末貯金残高が五六一億六三四万円(期首対比九七・三%)と期首を若干下回り、期末貸出残高は二七億六七〇五万円(期首対比一〇一・五%)、信用事業総利益は四億五七〇四万円である。共済事業も長期共済保有契約高が一七四四億四六九五万円(期首対比九五・三%)と厳しい傾向にあるが、長期共済新契約高は一〇六億四九七一万円、共済事業総利益は二億九七一五万円を確保している。

こうしたデータからも、信用・共済事業による総合的な事業展開が、営農・購買事業など地域に貢献する事業を継続させており、農協経営を健全に維持するうえでも重要であることが理解できる。しかし、過疎化・高齢化が進む中にあって、今後とも厳しい事業環境が想定される。

2　離島の農協が行う移動信用購買車事業

移動信用購買車事業の展開

過疎化・高齢化や厳しい農業情勢のもとにある周防大島町では、地域住民が日用品を購入する一般商店が減少傾向にある。残っているわずかな店舗は、島内外周部の国道・主要道沿い集落に点在しており、山間部や主要道からはずれた集落に居住し車を利用できない高齢者などは、買い物がまったくできない。旧久賀町の国道沿いにはコンビニやホームセンターなども立地しており、山口大島農協も小松地区と椋野地区にヤマザキデイリーストアーと連携したコンビニ「Yショップ」を展開している。しかし、山間部の高齢者はそこまでの移動手段がない。

山口大島農協は、「こうした環境だからこそ、農協事業を求めている人たちに応えよう」と、二〇〇一年七月から「移動購買車事業」(当初は購買のみ)を開始した。改造したトラックに食料品などを積み、現在は四台が島内をくまなく巡回して販売。二〇一七年で一七年目に入り、好評のうちに継続されている。

四台のうち一台は、二〇〇一年一一月から「信用購買車」として食料品などのほかにATM・金庫を積載し、貯金の入出金にも対応してきた。いわば「走る信用事業店舗」である。食料品の移動購買車は農協に限らず全国で多くの事例があり、たとえば、長野県大町市と北安曇《あずみ》郡を事業範囲とする大北農協では一九六六年から事業を継続している。(5) だが、ＡＴＭまで積載した事例は農協としては全国初で、現在に至ってもきわめて珍しい。農協の総合事業の特性を遺憾なく発揮している事例と言えよう。

山口大島農協によれば、「より細やかなサービスと利便性の向上を図るため、これまでＪＡ事業から遠く離れＪＡの利用に不便をかけていた地区に直接伺うことで『より身近なＪＡ』を目指して」移動（信用）購買車事業を開始した。「なかでも食料品の購入と年金払戻しの利便性を強調」するとともに、人口減少から将来的には不可避な支所・事業所の統廃合の際も、組合員・地域住民の負託に応えるために活用するという。

移動信用購買車事業の現状

開始から一二年間は、旧東和町農協管内の事業を引き継いだ「のんた号」と、信用事業にも対応するもっとも大型の「ふれあい一号」（三トン車）で、事業を行っていた。その後、二〇一三年一二月に、山間部の狭い道路にも対応できる軽トラック型の小型車二台を導入（「ふれあい二号」「ふれあい三号」）して、四台で運用している。なお、「のんた号」は老朽化のため二〇一七年八月に廃車し、「ふれあい三号」と同型車種に更新された。四台に共通の設備は、冷凍陳列ケース・レジスター・手洗い場などの購買業務関係と、防犯カメラ・緊急通報装置などのセキュリティ関係であり、「ふれあい一号」には信用端末機と金庫も装備されている。

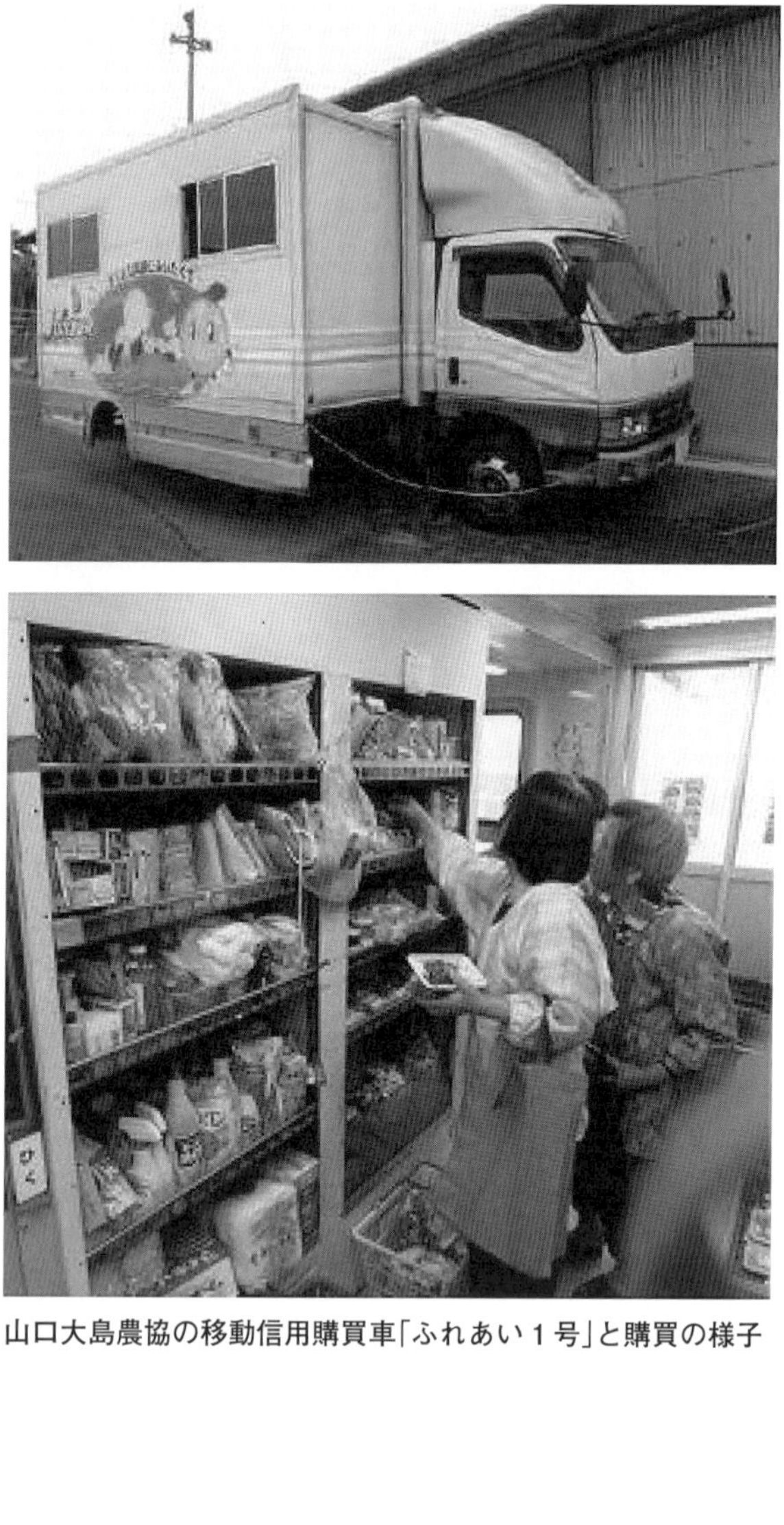

山口大島農協の移動信用購買車「ふれあい１号」と購買の様子

移動信用購買車の運行は、日曜日を除く毎日（土曜日の信用事業は休業）で、七時半に積み込みを開始して、九時半に農協を出発し、一六時過ぎまでかけて島内をくまなく巡回する。

巡回ルートは車両や曜日ごとに決まっており、店舗を開く営業拠点は山間部集落など島内四五カ所にも及ぶ。各車の一日あたりの巡回拠点数は七〜九カ所である。巡回頻度は、週三回が一カ所、週二回が一〇カ所、週一回が二二カ所で、このうち信用業務を行っているのは二二カ所である。営業拠点は、農協の各地区協議会やアンケート調査などで慎重に決められたという。小型車の導入によって、拠点が増えた。

取扱商品は以下のとおりで、価格はAコープに準じている。

米、チルド食品・飲料、野菜、くだもの、惣菜、菓子、精肉、鮮魚、塩干（干物など）、一般食品、冷凍食品、アイス、酒類、卵、パン、日用雑貨
それぞれの量は限られるものの、コンビニ以上のラインアップと言える。各商品はAコープから調達されるが、二〇種類にわたる惣菜や弁当類は農協本所惣菜センターでの手づくり品である。野菜・精肉・鮮魚なども販売しており、コンビニよりも充実していると言える。鮮魚が売り上げの一割強ともっとも多くを占め、次いで惣菜と精肉が約一割を占めるなど、新鮮な食材や手づくり品への需要が高いことがわかる。利用者は八〇代を超える女性が多い。典型的な「買い物難民」であり、このような声が聞かれた。(6)

「この車がないと、タクシーでなければ買い物にも行けない。年金の受け取りもできる」

「ここで惣菜を買える日はご馳走になる。食事が楽しみ」「単に買い物だけでなく、農協の職員さんと車を囲んで井戸端会議になり、それも楽しみだ」また、いつも来店する人は決まっているため、「常連客」の姿が見えないときには安否を確認するなどの役割も果たしている。

山口大島農協が二〇〇八年に行った利用者アンケート（有効回答数二四〇）によれば、「毎回利用」が七〇・一%と利用度は高く、「大変満足」「満足」を合わせた好意的な評価も七一・三%と非常に高い。「購買車は絶対に必要」「必要」を合わせた回答は、実に一〇〇%に達している。離島地域の切実な声に応える事業であり、ギリギリの状況にある限界的地域のセーフティネットを形成していることが改めて理解できる。

とはいえ、巡回拠点周辺の過疎化がとくに進行し、人口＝利用者が減少していることから、売り上げは減少傾向にある。二〇一六年度の販売総額（売上高）は約四八六〇万円で、二〇〇九年度の約五三〇〇万円と比べると、(7) 七年間で約八ポイント減となっている。それでも、農協は、「島のライフラインは私たちが守る」と、事業の存続を図る決意を固めている。

3　離島・中山間地域における農協の役割と総合事業

本章では、地域の切実な声に応えてセーフティネットを形成する農協事業の事例を紹介した。

全国各地の農協で、同種の事業は多い。厳しい地域環境のもとでも、こうした事業が維持・存続できるのは、総合事業を展開し、かつ非営利組織である農協ゆえのことと言えよう。

仮に、規制改革会議らの言うような「信用・共済事業分離」が強行された場合、その形態にもよるが、基本的に経済事業単独で収支均衡を図らねばならなくなる。そうなれば、周防大島のような環境では、柑橘類など農産物販売事業や購買事業を行うこと自体が不可能になるであろう。政府や規制改革会議が主張する「生産性の高い農業」「今後の農業の大宗を担う法人などの担い手」など、日本全国にあまねく存在する離島や中山間地域には、そもそも最初から存在するはずがないのである。

そして、農協が営利事業体になれば、移動信用購買車のような「儲からない赤字事業」から真先に撤退せざるを得ないことも、容易に想起できる。経済事業単独の収支均衡が不可能な以上、誰が組合長になっても結果は同じである。政府や規制改革会議の「空想的虚言」を排し、第1章で述べた農協事業が非営利事業体でかつ総合性を有することの意味を、再度確認する必要がある。

もっとも、農協は非営利事業体であると言っても、ボランティア団体ではない。採算を射程に入れて、再生産を成立させるべき組織である。周防大島町では、農協が事業の自由度を保つために単独事業体制を維持し、行政の補助を受けずに実施している。だが、こうした事業は買い物難民対策であり、きわめて公益性が高いものである。今後、同種の事業については、事業の効率性を確保しつつ、行政との連携も視野に入れるべきであると考えられる。

（1）周防大島町資料、およびヒアリングによる。
（2）筆者らは、旧大島町で二〇〇〇年代当初までのUターン型定年帰農を詳細に現地調査し、Uターンの将来的な動向が厳しいことを分析・予測した。詳しくは、田畑保・農協共済総合研究所編『農に還る人たち――定年帰農者とその支援組織』（農林統計協会、二〇〇五年）参照。
（3）前掲（2）。
（4）山口大島農協資料、および山口県買い物弱者対策研究会「山口県における『買い物弱者対策』について」山口県、二〇一七年（http://www.pref.yamaguchi.lg.jp/cms/a11500/kaimonojakusya/h2803.html 最終確認二〇一七年八月一七日）。
（5）一瀬裕一郎「条件不利地域の買い物難民と協同組合」『農林金融』二〇一〇年一一月号、三二～四七ページ。
（6）山口大島農協資料による。
（7）前掲（5）、四二ページ。

第Ⅲ部

各地域・分野における農協・協同組合活動の重要な役割

第７章　食料基地・北海道の農協の総合力

東山寛・樋口悠貴

１　農協事業と組合員の営農活動

北海道の農業は稲作・畑作・酪農（および畜産）・園芸の四本柱から成り立つ。そして、道央の水田農業、道東の畑作農業、道東・道北の酪農、さらには道南・沿岸・中山間地域の園芸農業のように鮮明な地域分化をとげ、それぞれが中核地帯・主産地を形成している。こうしたありようは、日本農業の中でも北海道だけが持つ特質である。

「二〇一五年農業センサス」によれば、北海道の農業経営体（総数）は四万七一四で、家族経営体が三万八一九八（組織経営体は二五一六）と、九四％が依然として家族経営である。販売農家数は三万八〇八六戸とすでに四万戸を切り、このうち主業農家が二万七八二八戸で、およそ四分の三にあたる七三％を占めている。

主産地における農業経営の平均的な規模（一経営体あたり）を見ると、水田面積が一四・一ha（空知地域)、普通畑が三二・一ha(十勝地域)、乳用牛(総数)が一三五・三頭(根室地域)、玉ねぎが七・九ha(オホーック地域)、トマトが七二a(日高地域)などで、相当に規模が大きい。統計数値からもうかがえるように、北海道は大規模・専業的農業地帯である。

農業での自立を強く志向している家族経営群を各地域で支えている存在が、農協にほかならない。経済活動のプロセスに即して言えば、①北海道特有の組合員勘定(クミカン)による営農資金の供給(資本調達)、②予約取りまとめなどに基づく生産資材の供給(購買)、③農協直営の育苗センターやコントラクター(作業受託組織)による農作業支援、④共選(共同選果)・共販(共同販売)・共計(共同計算)体制の構築などを通じて、農協は組合員の営農活動に深く関わっている。

なかでも③④の生産過程に関するプロセスを遂行するためには、農協自らも多額の資本投下を行うことが必要である。そのうえで、オペレーターを含む労働力確保への対処に迫られる。農協自身もリスクを背負っているが、農家戸数の減少と規模拡大が進行する今日の状況下では、この領域がますます膨らまざるを得ない実情にあるように思われる。

このように北海道においては、農協事業と組合員の営農活動との関わり方が「深すぎる」がゆえに、ともすれば農協が農業経営の自由度を制約しているかのように受け取られる傾向がある。この「自由と制約」をめぐる問題は、今回の「農協改革」や指定団体廃止論、さらにはそれに続く「農業競争力強化」を主張する側の底流にあるものなのかもしれない。本稿では「農協が農業経営の自由度を制約している」という一面的な見方には与しないが、農協事業と営農活動との相互作用が生み出されている具体的な局面に焦点を当てて、この「自由と制約」の問題が意味するところを考えていきたい。

2 農協コントラクター事業と自給飼料生産

北海道では、規模拡大が進められている酪農経営の自給飼料生産に関わる負担を軽減するために、収穫・調製作業を請け負うコントラクター事業が広範に展開している。この場合の自給飼料生産とは、相対的に豊富な飼料基盤を活かした牧草・デントコーン(青刈りトウモロコシ)の生産を指し、飼料自給率を高めることは経営成果に直結する関係にある。

そして、農協直営型コントラクター事業の取り組みにおいて、道内でもっとも先進的な事例と目されているのが十勝管内のA町である。その取り組みは全国的に見ても先行しており、二〇一五年で二二年目を迎える。A町は酪農・畑作の混同地帯で、公表されている『十勝畜産統計』(十勝農協連)によれば、二〇一五年の生乳生産量は一〇万トンを超え、十勝二四農協のなかでも三指に入る酪農主産地である。

農協の営農部にはコントラクター事業を担当する独立した部署が置かれ、その体制も充実している。事業規模も非常に大きい。直近の特徴的な数字を紹介しておこう(調査時点：二〇一六年一月)。

①正職員として一三名を配置し、彼らはオールマイティーのオペレーターである。
②六セットの自前の収穫機（自走式ハーベスター）がフル稼働できる体制を整えている（保有は予備機を含めて七セット）。
③二〇一五年の飼料収穫の請負実績は、牧草・デントコーン合わせて五七〇〇haに達する。

また、二〇一五年一月から供給を開始したA町初のＴＭＲ（Total Mixed Ration）センター（構成員一七戸）との連携も図られている。ＴＭＲセンターは、構成員の自給飼料生産を集約し、一定の飼料設計に基づいて酪農経営に日々の飼料を一元的に供給する機能を持つ。この事例の場合は、農協が主導して設置した。

以下では、A町農協によるコントラクター体制の効率的運営に関わるポイントを整理して述べておきたい。具体的には、以下の三点である。

第一に、事業の実績を伸ばしていることである。直近三年間の事業実績（牧草・デントコーンの収穫面積）を見ると（**表7―1**）、トータルの実績は二〇一三年：五三二四ha、二〇一四年：五六七八ha、二〇一五年：五七〇七haであり、とくに二〇一四年は二〇一三年より三五〇ha以上も拡大している。二〇一四年はＴＭＲセンターと結びついた飼料収穫の請け負いが始まった年でもあり、構成農家一七戸のうち四戸がコントラクターの新規利用農家であった。コントラクター事業にとって、ＴＭＲセンターの稼働は新規利用者を取り込んだ格好となっている。

A町農協が、道内の流れからすると遅ればせながらＴＭＲセンターの設置に取り組んだのは、

表7－1　酪農コントラクター事業の実績（A町農協）

（単位：ha）

草の種類		2013年	2014年	2015年	増減（実数）	
					14/13	15/14
1番草	小　計	1,941.2	1,939.3	2,053.8	△1.91	114.5
	うちチモシー	1,554.8	1,550.4	1,585.3	△4.4	34.9
	うちオーチャード	386.4	358.4	437.8	△28.0	79.4
2番草	小　計	1,739.1	1,863.5	1,800.2	124.4	△63.3
	うちチモシー	1,347.1	1,401.2	1,364.7	54.1	△36.5
	うちオーチャード	392.0	436.8	404.6	44.8	△32.2
3番草	小　計	404.7	506.8	473.9	102.1	△32.9
	うちチモシー	79.7	84.5	59.4	4.8	△25.1
	うちオーチャード	325.0	396.8	399.0	71.8	2.2
4番草		0.0	15.5	4.1	15.5	△11.4
牧草（計）	合　計	4,085.0	4,325.1	4,332.0	240.1	6.9
	うちチモシー	2,981.6	3,036.1	3,009.4	54.5	△26.7
	うちオーチャード	1,103.4	1,192.0	1,241.4	88.6	49.4
デントコーン		1,238.5	1,352.8	1,374.7	114.3	21.9
合　計		5,323.5	5,677.9	5,706.7	354.4	28.8

（出典）農協提供資料によって作成。

個々の対応ではどうしてもロス（廃棄）が発生してしまう飼料（サイレージ）調製の難点を克服し、限られた飼料基盤をフル活用することに狙いがある。すでに相当の規模に達していたコントラクター事業も、そうした目標を実現するためにあえて拡大に取り組んだ。

第二に、できるだけ長い操業期間を確保していることである。**表7－1**に見るように、牧草の草種としてはチモシーが多い。二〇一五年は四三三二haのうち三〇〇九haと、ほぼ七割を占めている。ただし、チモシー種は二番草の収穫までが主流であり、三番草は少ない。これに対して、オーチャード種は一番草全体の二一％、二番草でも二二％を占めるにすぎないが、三番草では八四％を占めており（いずれも二〇一五年の実績）、三番草までの安定的な収穫が可能となっている。A町農協のコントラクター事業では、あえてオーチャード種の三回刈りを推進することにより、作期を分散し、できるだけ長い操業期間を確保しようとしてきた。

このように、草種構成の変更に踏み込んでまで長い操業期間を確保しようとする意図は、コントラクター事業に参画する「協力業者」が念頭にあるからだ。二〇一五年の協力業者は一〇社を数え、帯広市を含めた地元の建設・運輸業者との協力体制ができあがっているのである。

先述したように、オペレーターのメインはあくまでも農協職員（正職員）であり、高い技量を備えたオペレーター集団である。これに「準職員」（二〇一五年の各月を通じて最大九名）、「パート職員」（同六名）が加わる。ここまでが直接雇用となる。なお、A町農協のコントラクター部門では、若いオペレーターの採用時は準職員であり、その技量を見極めながら正職員に登用する途もひらかれている。

そして、これらを超えた労働需要が発生する繁忙期には協力業者の支援を仰ぐ。たとえば、二〇一五年で労働需要が最大だった六月期（一番草収穫）には、正職員一二名（当時）、準職員七名（同）、パート職員六名、派遣など八名、傭車ダンプなど三〇名（台数）の合計六三名の労働需要が発生した。こうしたピークの状況が六～一〇月までの約五カ月間続く。季節的なピークが形成されるのは、いうまでもなく農業特有の宿命である。ピークに合わせて労働力を確保しておくのが理想的ではあるが、そうなると労働力は固定費（オーバーヘッド・コスト）になり、目指すべき効率的運営にも支障を来すことになる。

A町農協のコントラクター事業の基本的考え方は「正職員＋準職員」の常時雇用（二〇一五年は年間を通じて最大二二名）をひとつのベースラインとし、それを超える労働需要が発生するピーク時には「期間雇用＋協力業者」の参画を仰ぐというものである。こうした協力業者の固定的な利用を念頭に置き、できるだけ長い操業期間を確保しようとしている。そのベースにあるのが先述した草種構成の変更であり、言い換えれば利用者サイドの協力・対応なのである。

第三に、採算性の重視である。詳細を示すことはできないが、各作業の作業料金は厳密なコストの積み上げ方式に基づいて設定される。その際、固定費の大きな部分を占める減価償却費（および修理費）が適切に算入されているのはもちろん、オペレーターの労賃単価も「プロの仕事」にふさわしい水準が算出基礎として用いられている。A町農協のコントラクター事業は「赤字覚悟のサービス部門」ではなく、正当な料金を請求する資格のある「プロの仕事」であり、実態は独立採算と見受けられる（人件費を含む）。

コントラクター事業は、総合農協が兼営する一事業であるが、部門間の収益補填などはなく、運営費に対する補助・助成も一切ない。また、農協内の他部門からの人的支援も皆無である。したがって、採算性に対する見方は非常に厳しい。

以上を通じて、A町農協のコントラクター事業のユニークな点は、コントラクター側の要求に利用者が対応・協力するという関係が構築されている、ということであろう。利用者である酪農経営が草種構成の変更や自給飼料（牧草）を細断サイレージに特化させることを通じて、コントラクター側は事業量・操業期間を確保し、効率的運営を実現している。裏返して言えば、コントラクターは効率的運営の阻害要因ともなりかねない乾草・ロールサイレージの調製を受け付けていない。このようにコントラクターは、酪農経営に対する単なるサービス提供者ではなく、自給飼料生産を統一的に方向づける存在となっている。

3　園芸産地形成と作型選択

ここで取り上げる日高管内のB町は北海道を代表する施設園芸産地であり、大玉トマトの生産・販売量では道内においても突出した存在である。農協は二〇一五年二月に隣接町の一部を区域とする旧C農協と合併したが、合併以前の旧B町農協と旧C農協は一九九九年からトマトを共同で集出荷してきた関係にある。二〇一五年のB農協（合併後）のトマトの販売金額は四〇億円を超え（この年も含めて三年連続）、国内屈指の夏秋トマト産地として安定した軌道を描いている。

「二〇一五年農業センサス」によれば、B町の経営耕地面積はおよそ四〇〇〇haで（農業経営体総数の数値）、地目構成では田が五六%を占める。もともとは水田ベースの農業地帯である。トマト作は、一九七〇年代以降の減反政策を契機に、稲作を中心とした農業からの転換として始まった。B町には日高山脈を源流とする一級河川が貫流し、この河川とその支流域にわずかに広がる平坦地に集落が形成され、周囲は山々に囲まれている。北海道の他地域と比べると平坦地の広がりに乏しく、中山間地域としての性格が色濃い農業地帯である。

このような条件下で稲作を中心とした農業が展開されていたB町は、減反政策を契機に、水田農業の複合化策としての園芸作の導入を農協主導で進めていく。当初は町内全域でトマト作を導入するのではなく、各地区の自然条件などを考慮して、地区ごとに異なる品目の導入を行った。旧B町農協は一九七五年に町内三農協の合併によって誕生し、合併前の各農協の管内ごとに振興品目が異なっていたため、トマトに加えて、ホウレンソウ、メロンが選定されたという経緯がある。

トマトは、一九七二年に六戸の農家がビニールハウスでの試験栽培を開始したのが最初だ。導入の初期段階は農協や農家が中心となり、栽培品種や栽培技術が模索された。一九八二年には農協による共同選果施設が建設され、共同選果がスタートするなど、トマト産地としての体制が徐々に整備されていく。こうした経過を経て、一九七〇年代から一九八〇年代を通じてトマト作が広がることとなる。

そのうえで、町内全域で急速にトマト作が展開していくのは、一九九〇年代以降である。前述したように、このころから隣接する旧C農協管内からの出荷が本格化し、産地としてのスケールアップが図られていく。**図7―1**に示したように、一九九〇年代を通じて生産者戸数・作

図7－1　トマトの生産者戸数と作付面積（B町・B農協管内）

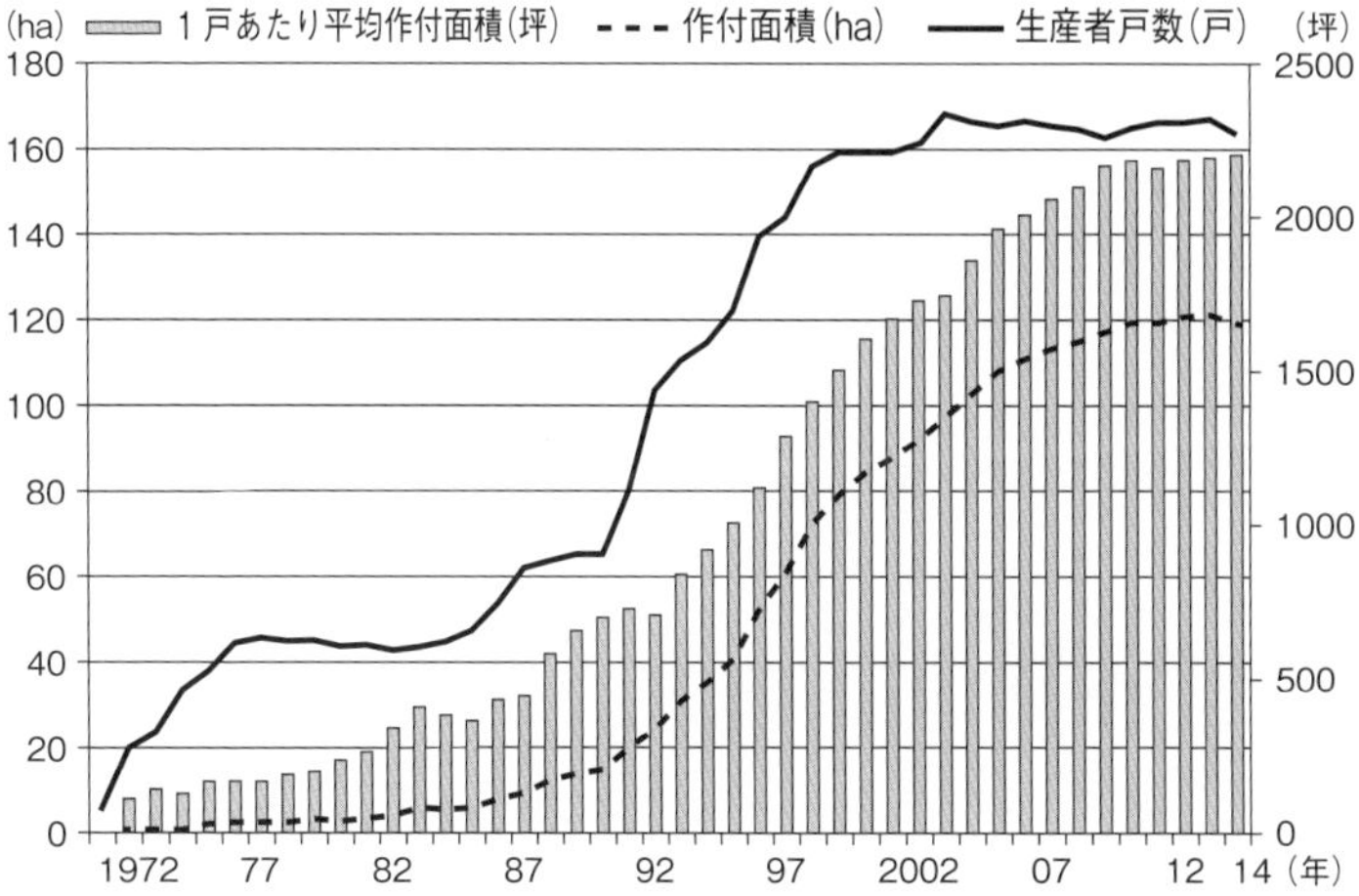

（出典）農協提供資料によって作成。

付面積の拡大が併進し、そこには一戸あたりの作付規模の拡大というプロセスも含まれている。

二〇〇〇年代に入ると生産者戸数は横ばいとなるが、一戸あたりの作付規模拡大は継続し、今日の到達点は平均二二〇〇坪程度となっている（二〇一五年）。また、図示は省略するが、一九九〇年代以降は単価や収量も安定的に高水準で推移するとともに、規格外品は農協の加工施設でジュース製造を行う体制も整えられていく。

一九九〇年代以降を画期とする急拡大に果たした農協の役割は大きい。選果施設の拡充や予冷庫の導入（一九九六年）、育苗センターの建設（一九九七年）といった設備投資が並行して進められた。前後するが、農協の組合員組織である「野菜振興会」の下部組織として

「トマト胡瓜部会」が発足し（一九八九年）、組織整備も進められた。一九九一年には部会が中心となり、品種を「桃太郎」系統に統一する。この品種統一が結果的に道外移出の拡大に結びつき、出荷量の増大と販売単価の向上をもたらし、大規模遠隔野菜産地として不動の地位を確立することとなった。

さらに、こうした生産拡大の取り組みを直接的に後押しする支援策の存在も見落とすわけにはいかない。とりわけ、行政からの補助事業の役割は大きい。一九九〇年代以降、ハウス建設や暖房機の設置に対する補助事業が継続的に行われたことが、個々の経営の規模拡大につながった。このように、B町におけるトマト産地の発展は、農協と生産者である組合員による息の長い取り組みが結実したものである。

B町では産地の維持・強化の取り組みの一環として、一九九八年から新規参入支援体制を整え、直近の二〇一六年までに二二戸の就農実績を生み出している。特筆すべきは、脱落者を出していないことだ。町内での二年間の研修を経て独立就農し、一年目は農家研修、二年目は町が設置した実践農場（トレーニングハウス）での研修が基本となる。実践農場を町内二カ所に設置していることも、新規参入支援体制の充実度合いを示すものとして特筆すべきである。

新規参入者の場合、親世代が同居するケースはまれであるため夫婦二人の労働力が基本となることと、農業での自立を考慮して、一戸あたり一二〇〇坪（一五〇坪ハウス八棟）の規模からスタートするのが標準的な設計となる。二〇一四年に独立就農した新規参入者の作型（定植日）を見ておくと、①三月二〇日定植・二棟、②四月五日定植・二棟、③五月二〇日定植・一棟、六月五日定植・一棟、④六月一五日定植・二棟の四作型であった（二〇一六年の実績）。

定植からおよそ二カ月で収穫が始まる。早い時期の作型（①②）は八月中に収穫が終了し、それ以外の作型はシーズン終わりの一一月中旬まで収穫が続く。定植日が遅くなればなるほど、すでに早期作型の収穫も本格化しているため作業が競合し、労働負担が過重になることは避けられない。しかし、六月定植を一定割合で導入することは生産部会で取り決めたルールであり、その目的は「長期どり＝長期出荷」にほかならない。このように、生産体制の統一化は農協の販売対応や集出荷施設の効率的運営と深く関わっており、それが販売単価の確保も含めた産地の評価に結びついていると解するべきである。

4　農協と地域農業の「総合力」

前者の事例では農協コントラクターに収穫作業を委託する酪農経営が草種構成や調製形態に関わる自由度を「制約」され、後者の事例では施設トマトの生産者が作型選択の自由度を「制約」されているように映るかもしれない。

しかし、それはきわめて一面的な、また近視眼的な見方である。両事例ともに、個別経営は決して農業経営の経済的側面に関わる全プロセスを自己完結的に営むことができているわけではない。そして、農協事業が担っている諸機能は、個別経営が自由に取捨選択できるサービス提供のようなものとして与えられているわけでもない。この点に関する認識が、声高な「農協改革」論者には根本的に欠落していると思われる。

事例に見るように、農協コントラクターが自給飼料生産を方向づけていることも、産地農協が有利販売を目指して作型選択に一定のルールを設けていることも、言ってみれば大規模・専業的な地域農業の「総合力」の組み立てに関わる不可欠の構成部分である。そして、コントラクター利用による労働負担の軽減は経営体質の強化につながり、有利販売の果実は組合員に還元されている。両事例ともに、現時点ではここから生まれる経済的成果を認識できないような事態には至っていない。

裏返して言えば、農協はこのような地域農業の「総合力」の組み立てを手がけることのできる唯一の存在である。この面で、北海道の農協は地域農業振興計画の策定と実践を通じて総合力に磨きをかけてきたのであり、その力量は現在もまったく失われていない。こうした見地に立てば、押しつけの「改革」は少なくとも北海道に対しては不要であり、総合農協の解体を招きかねない「農協改革」路線とはこれからも一線を画した態度を取り続けるしかない。

第8章　兼業化が進む稲作単作地帯の農協の存在意義

伊藤　亮司

1　佐渡にて

唯一のガソリンスタンドが廃止される!?

「先生、農協が俺たちを見捨てようとしとる。このままじゃダチカン（だめだ、アカン）！」佐渡市外海府《そとかいふ》地区の小田《こだ》集落。二〇一六年三月に、たまたま集落総会に招かれ、酒を飲みに集会所に遊びにいったところ、話は海岸道路の佐渡一周線沿いにある佐渡農協給油所の外海府SS（サービス・ステーション）の廃止問題に収斂した。年間九〇kℓしか販売量がない小さなスタンドである。二〇一一年の消防法改正で、四〇年以上前の貯蔵タンクは改修が義務化され、数年前からガソリンタンクの更新は、採算性を考慮すると不可能という判断・方針が掲げられていた。いよいよ、その時期が到来し、どうやら給油所が廃止されるというのである。

小田集落は佐渡島の北端近くにあり、新潟からの船が発着する両津港から東回り・西回りの

図8－1　佐渡島と小田集落

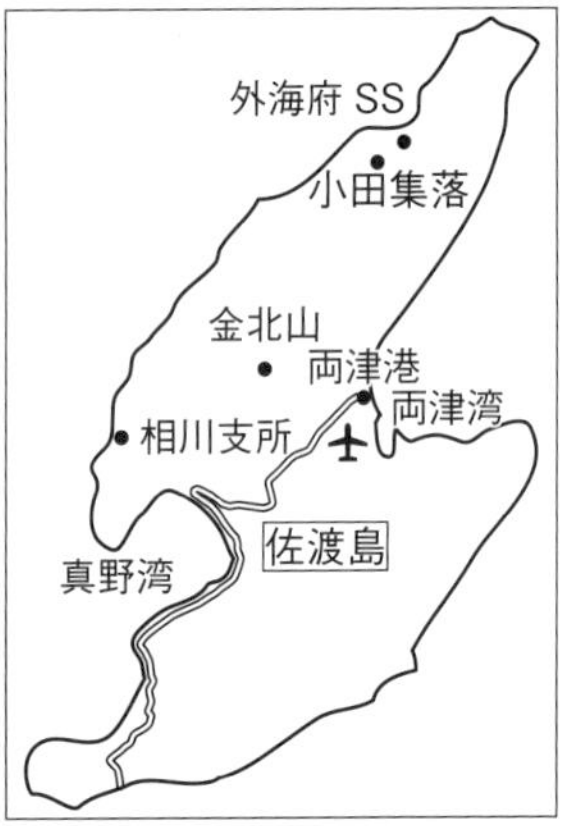

どちらでも五〇キロ強離れている。夏場だけ開通するドンデン山越えルートを含め、いずれのルートでも自動車で一時間一五分の条件不利地に位置する（図8－1）。昭和の大合併（一九五六年）で三町村（外海府村、高《たか》千《ち》村、相川町）が統合して相川町となり、役場・市街地は三〇キロ先の相川地区に集中する。さらに、二〇〇四年の一島一市化により町役場は佐渡市相川支所となるが、集落から路線バスで片道一時間・九二〇円かかる。

そんな条件不利地域にあって、外海府SSは両端三〇キロに及ぶ旧外海府村管内唯一の農協施設、かつ唯一のガソリンスタンドであり、隣接二集落を含めて唯一の「商業施設」でもある。小田集落内には、新潟大学の演習林施設がある（旧小学校跡地を利用させてもらっている）関係で、われわれ大学スタッフは近所付き合いをする仲だが、そんな話は寝耳に水だった。

「いったい、何が起こっているんですか？　大学にとっても、研究で寝泊まりする学生たちの憩いの場なんですけど……」

「そうだっちゃ。ただでさえ生活が不便なこの地で、最後の砦であるスタンドがなくなるのはたいそう困る。なんとかせんといかん。ここらの（小田集落など外海府地区の）人たちはみな、どこよりも農協の事業を優先利用して、農協を支えとったのに、この仕打ちは許すことができん」

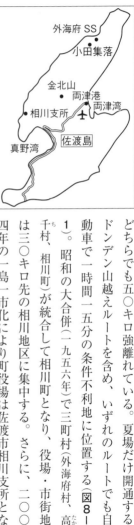

二〇〇五年に農協の直営方式から民間業者への委託運営に切り替えられるまでは、ガソリンスタンドに加えて、購買店舗と金融窓口・ATMが置かれる農協支所だった。集落総代の梶井英明さん(一九四九年生まれ)は、「当時は、多くのことはここで事足りた」と話す。

もともと、住民生活を支える生活インフラそのものであり、機能縮小・撤退の流れがしだいに進む中で、「最後の砦」だったのだ。民間委託以降、農協本体は直接運営に関与しなくなるが、通いで業者の駐在員一名が常駐し、地元住民との関係をつないできた。気の良い青年で、長年勤めるうちに住民との関係も深まっていく。ガソリン給油客だけでなく、集落住民が世間話をして帰ることもあったようだ。

「とくに、自家用車を運転できない年寄りにとっては、ありがたい存在だ。バスで相川や(中心部の)国仲平野に出るのは一日仕事になるし、年寄りであっても家族に内緒にしたい買い物もある」

購買店舗は閉鎖されたものの、これまでの経緯もあり、保存の利くちょっとした食品や生活用品などは、その後も店舗の陳列ケースに並び続けた。世間話のついでに買い物を頼まれたり、通勤や休みの遠出の際に頼まれ仕事を片付けたりと、彼が「農協職員並み」のサービスを担っていたのは、なかば公然の秘密だった。新潟大学の学生たちも同様で、ちょっとしたお菓子や食品を手軽に買いに行くのは、不便な山暮らしの研究生活の中の少ない楽しみのひとつである。

自給的な暮らし

　ガソリンスタンドの重要性について力説し、反対運動の開始を主導した梶井さんによると、外海府地区六集落では、季節により変動しつつも、平均で各集落二〇～三〇戸（人口一五〇人程度）が暮らしを維持する。海岸部にあり、平地は少なく、農地は基本的に棚田である。多くの人たちが、多様な稼ぎを組み合わせて、暮らしを立てている。農業としては少しの田んぼと自給畑、標高の高いところで杉林を管理して名産の椎茸などの林業、晴れた日には海に出る漁業という、自給的農林水産業に、土建業や民宿、役場勤めなどである。基本的には、販売作物は米のみで、大部分が全量を農協に出荷する。

「収量は低いが、良食味で定評があり、国仲平野（低地）の米とは比較にならん。（集荷先である農協の相川地区金泉《かないずみ》ライスセンターの米を指定して買いに来る島外業者もいる」

　自給畑用の資材や種子の購入先が農協であることは、いうまでもない。「二〇一五年農業センサス」によれば、外海府地区の総農家数は五八戸、土地持ち非農家を含めても八八戸にすぎない。総経営耕地面積は三八haで、うち三六haが水田となっているが、実際には一〇〇戸前後の世帯のほぼすべてが自給畑を耕作しており、「農業は各集落の共通基盤」であるという。水稲作においては、作付けを担う六五歳以下の「若手層」だけでなく、田植えや稲刈りおよび定期的に行われる水路や農道維持管理は、集落外や島外に他出した層を含めて「全員出動」で行われる[(1)]。こうして、ムラ仕事・共同体的管理が脈々と維持されてきた。

表８－１　JA 佐渡外海府 SS を巡る動き

年	月日	項　　目
2014	夏	農協の地域座談会で、40年経過したSSは改修しないという執行部の方針
2016	３月20日	小田集落総会で、40年目の外海府SS存廃問題が話題に
	３月24日	農協経営管理委員会にスタンド廃止の方向を正式報告
	３月31日	業務委託先Ｎ氏への方針説明・了承
	４月２日	相川地区担当の経営管理委員・支店運営委員長との事前協議
	４月４日	相川地区担当の経営管理委員より、ガソリン漏洩感知装置設置費用の試算依頼
	４月13日	小田集落総代によるスタンド延命措置の要望
	４月22日	外海府・高千地区総代連名による継続「要望書」の提出
	４月27日	外海府活性化センターで、組合員との意見交換会
	５月21日	外海府・高千地区総代連名による継続「嘆願書」の提出
	６月27日	経営管理委員会で、「燃料事業の基本方針」変更を了承
	12月１日	外海府・高千地区の農協組合員への増資呼びかけ開始
2017	３月17日	外海府給油所の営業再開、記念式典の開催
	５月27日	農協総代会で、地元組合員の増資などによる維持方針報告

（資料）農業・農協問題研究所にいがた支部総会研究会（2017年）における山口智範氏の報告資料に筆者加筆。

存続に向けた地域の動き

そんな小田集落住民にとって、外海府ＳＳの廃止問題は生活をゆるがす大事件である。廃止にあたり農協は、旧隣村である高千地区の漁協運営のガソリンスタンドにおける、これまで同様の組合員価格でのガソリン給油や、各戸にタンクローリー車を回す「出向く」灯油配達体制を提案した。「サービスの維持向上」との立場をとったわけだが、地域の本音からすれば、それでは足りない。あくまで、スタッフ常駐が要求の肝であった。

四月に入って、地域内の動きが加速する（**表８－１**）。二日に相川地区担当の農協経営管理委員および支店運営委員長と農協事務局サイドとの事前協議が行われた。まず、そこで委員個人としての反対意見が表明される。続く四日には、地区担当の経営管理委員より、改修およびガソリン漏洩感知装置を設置した場合の費用見積もりの依頼が行われた。それと並行して、関係集落八総代による、ガソリンスタンド存続についての「要望書」「嘆願書」が相次いで提出されていく。

地元の強い要望を受け、農協事務局サイドも積極的に対応を検討し始める。費用試算の結果、四三〇万円程度の投資で、補修および漏洩管理装置を設置すれば、一〇年程度の存続が可能とされた。そこで、六月二七日の経営管理委員会において廃止の方針を撤回し、特例として継続利用の方向を検討する。ただし、その場合、一定の地元の受益者負担（総費用の二五％以上）を求めることを併せて決定。ガソリンスタンド存続に関わり、組合員の参加・結集の強化を図ることとした。

その後、投資内容と費用を精査する一方で、費用負担の軽減のためにＪＡ共済連新潟からの支援（ＪＡ地域貢献活動促進助成金）を取り付けたこともあり、結果として地元組合員の必要増資額は七五万円程度となる。一二月には地元組合員に対する佐渡農協の増資呼びかけが始まり、集まった資金は一一七万六〇〇〇円と、またたく間に大きな成果を収めた。「集落内を一軒一軒回って協力を求めた。頑張ったかいがあった[2]」というように、地元の熱い運動が背景にあったことはいうまでもない。

二〇一七年三月には、農協関係者および集落住民一五名が参加して、給油所営業再開の記念式典が行われ、佐渡農協の斎藤孝夫経営管理委員会会長は「JA佐渡と地域が協力して、さらなる発展を願いたい」と挨拶した。五月の農協総代会においても「地元組合員からの絶大な増資協力やJA共済連からの支援をいただき……地域のライフラインの維持を図ることができました」と報告された。

こうして一年を費やした議論の末に存続決定に至る経緯について、佐渡農協労組の山口智範委員長(外海府地区出身)は、こう語る。

「地域住民・地域組合員の生活インフラを守るための高い危機意識から生まれた自発的な要請行動と増資活動、それに真摯に対応した農協の組織的ポテンシャル、農協本来の事業運営についての可能性を実感した」(二〇一七年七月、農業・農協問題研究所にいがた支部総会研究会)。

とくに、目標を上回る増資額に込められた組合員の生活インフラ機能についての農協への期待と、営利を目的とした株式会社では実現できない協同組合事業だからこそ成しえた「組合員とともにつくる事業運営方式の強み」は、今後の農協事業全体の再構築につながる「発見」であり、「農業だけではない、地域そのものを、事業を通して守る農協の存在意義」の確認になったという。

小田集落ではいま、ただでさえ「全戸利用」が当たり前の農協事業への参加・結集強化のために何ができるかが話し合われている。「多くの人にこのスタンドを使ってもらいたい」という梶井総代の言葉の裏には、農協スタンドを、あるいは農協の諸事業を、我がこととして捉える意識が見え隠れする。協同組合の面目躍如とは、まさにこのことだろう。

2　米価下落下における稲作単作・兼業地帯の矛盾

主業農家・専業農家だけでは農業が成り立たない

小田集落はある意味で、新潟県の農業・農村の典型である。広大な平野部のイメージが強い新潟県ではあるが、中山間地域（条件不利地域）の水田は面積においても農業産出額においても約四割を占める。中山間地域の良食味の棚田米がブランド米の核となってきた経緯もある。

稲作を中心とした小規模な農業と、それゆえ比較的多数の「農家」が集落内に存続し、協力し合うことで初めて水管理を伴う稲作農業が持続可能となる。各戸の農業所得は小さく、兼業を含めた多様な稼ぎをかき集めて生計を立てる必要があるが、それがかえってリスク分散にもなる。だから、農業所得の変動があっても、家計所得は比較的安定的で持続性を持つ。集落に農家人口が比較的多く存在することが、労働力の確保や消費・購買力の確保の面から見ても、地域経済や地域社会の基盤として結局重要となる。

図8－2によれば、新潟県内の農業集落における農家戸数は平均で二〇戸程度。集落内耕地面積は三〇～五〇haのところに最大値があるので、割り算をすれば一戸平均二haと「小規模」である。その分、「多数」の構成員が集団でムラ仕事を担うことが可能となる。大規模経営体

を含めて、農業経営はその上に乗っかる存在であり、土台となる集落や共同体的農地・水利管理が壊れれば、農業経営自体が成り立たない。

「二〇一五年農業センサス」の結果によれば、新潟県内の販売農家数は五万四四三三戸と全国一位の戸数を誇る。ただし、そのうち主業農家は八七〇三戸（全国一一位）、専業農家は一万八〇五戸（全国一六位）にすぎない。新潟県の農業・農村はむしろ、三万六〇七四戸にのぼる第二種兼業農家（全国一位）や二万四〇四六戸にのぼる自給的農家によって支えられている。また、もともとの農家が地主化したり、作業委託などにより農作業をしない土地持ち非農家の存在も重要である。彼らは離農しても集落内にとどまり、集落機能の一部を担うことが期待できるからである。こうした土地持ち非農家戸数も、新潟県は全国一位である。

図８－２　集落ごとの農家戸数（新潟県）

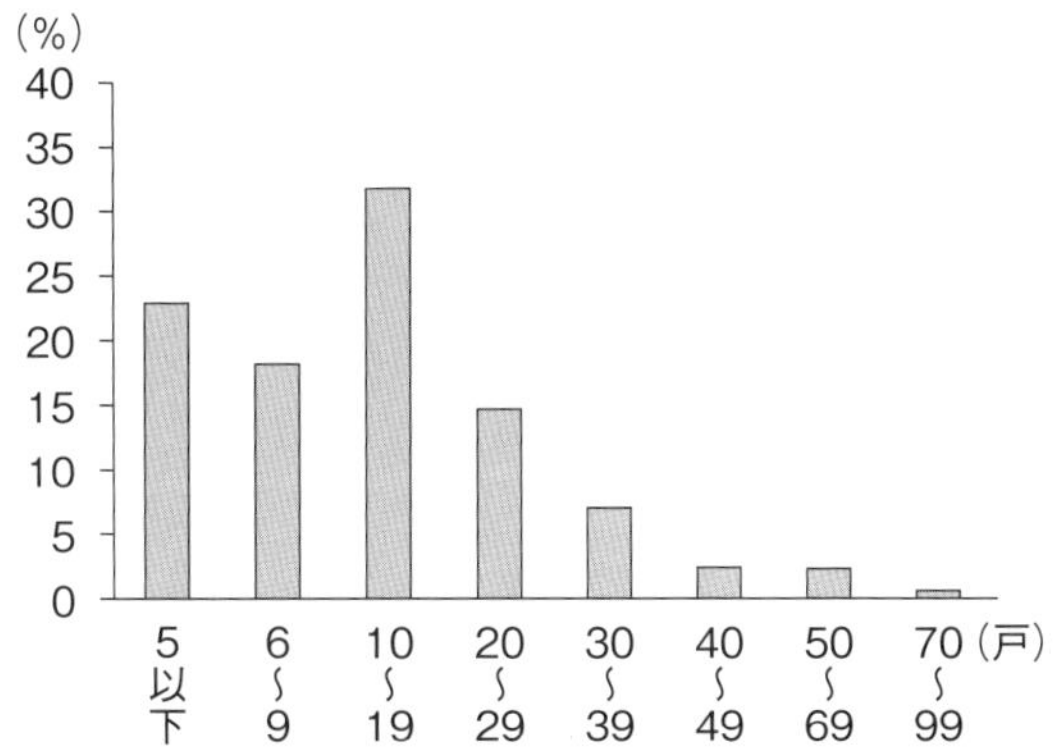

（資料）農水省「2015年農業センサス」。

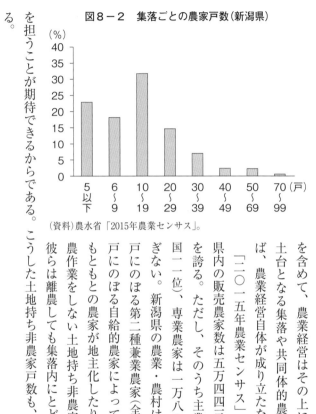

大規模化では集落が維持できない

そんな集落において、農業の大規模化・農地の集約化が進行したら、どうなるのか。外海府地区や小田集落で考えれば、わかりやすい。「二〇一五年農業センサス」統計では、小田集落の総農家数は八戸、販売農家は三戸にすぎない。集落内の耕地面積は一三haで、そのうち二〇一五年に立ち上がった農事組合法人一社が八haを耕作する。残り五haを自給的農家を含めた個人が担い、同時に二五戸とされる土地持ち非農家が自給畑や田植え・稲刈り時の手伝いや、江ざらい(農業用水路の掃除)・道普請(雪解け水により損傷する共用農道の補修)に出役することで、農業基盤が維持されている。

米価が下落し、直接支払交付金が削減され、二〇一八年度から廃止されるなど、国からの補助が切り捨てられるなかで、収益性の悪化を規模拡大で埋めるという「農業競争力強化」路線は結局、それら農業経営の基盤となる農村の集落機能を破壊する。**図8―3**に示すように、新潟県は米への依存度が高い。全国平均が二〇%程度であるのに対し、六〇%程度を占める。この間の米価下落の影響から農業総産出額自体が全国に比して大幅に落ち込んでおり、農家の経営は苦境に立たされている。

経営難を規模拡大によるコスト低減でカバーしようにも、生産資材などの物財費縮減には一定の限界がある。コスト低減の行きつく先は結局、自らの労働費の切り下げ(農水省モデルでは、労働費は六〇kgあたり二〇〇〇円を目指すという)を迫られるだけであり、政府・財界が目指す「競

図8－3　農業産出額の推移(新潟県と全国の対比)

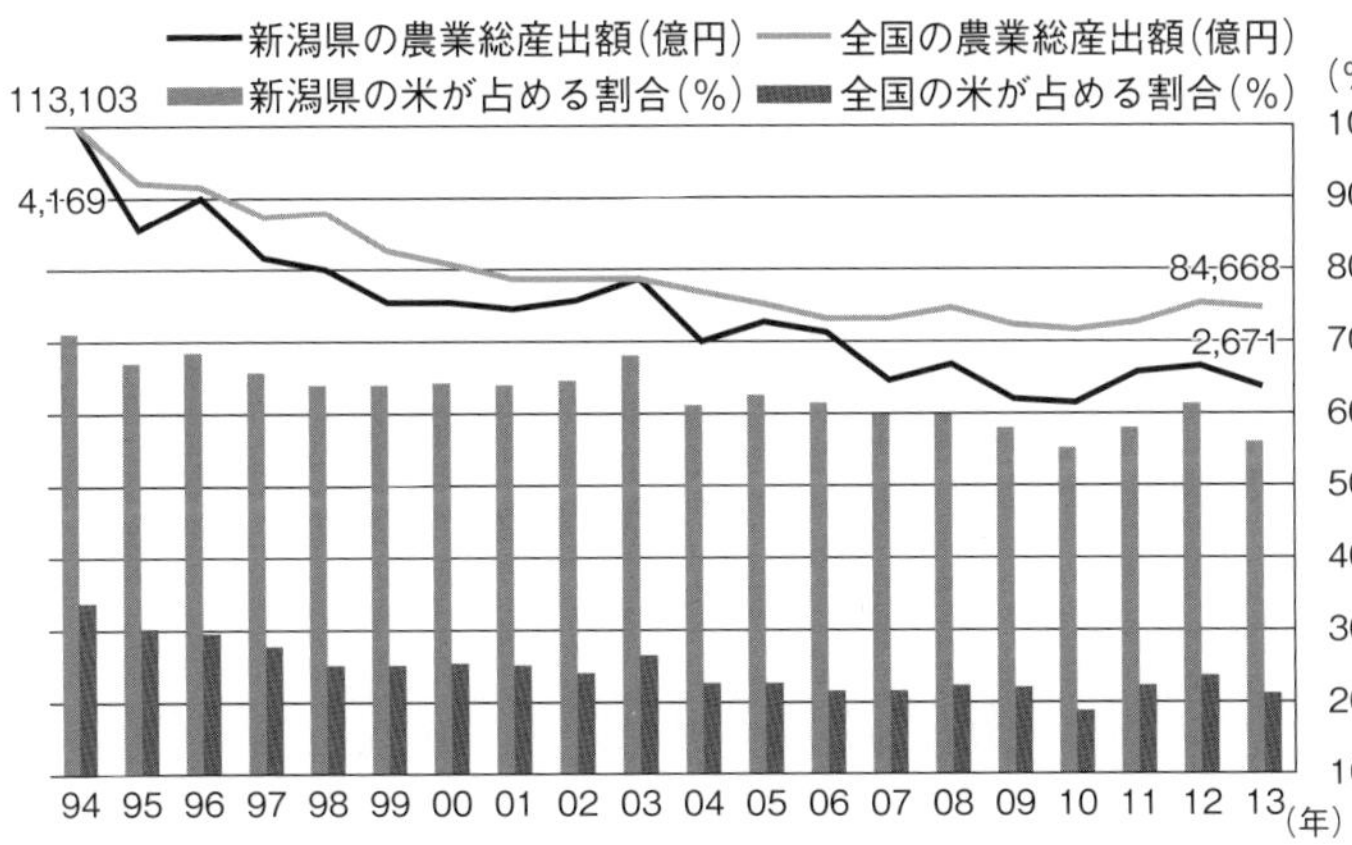

(出典)農水省「農林水産統計表」各年版。

争力のある農業経営」のためには、二〇ha規模、米生産費九六〇〇円が必要などと言われる。

現時点では机上の空論とも言えるが、仮にそれが実現すれば、小田集落で農業を営む経営体は隣集落を併せて一者にしぼられ、全農地をその一者に集約せねばならない。小作料も切り詰めるなら、集落の地主化した土地持ち非農家層はこれまでと同様のムラ仕事への協力を維持するだろうか。

小田集落における集落営農的な展開を志向する農事組合法人の立ち上げは、地元のペースで少しずつそれに向かう機運醸成が図られる中での展開である。それにしても、他のすべての集落構成員が完全に離農してしまえば、一人残された法人がすべてを担うことは不可能であろう。法人の代表は、農地の維持のため最大限の努力を惜しまない。むしろ、少しでも集落内のみなが農業の継続と集落内の協力体制を維持することを前提に、若手有志による受け皿組織立ち上げを企図したのである。それゆえ、離農促進につながる動きには危機感を持つ。

また、土地持ち非農家を含む集落戸数三三戸に対し、農協組合員は、正組合員二二名+准組合員一四名の三六名である。統計上の集落戸数以上に組合員が存在するのは、ふだんは他出し季節により戻る二重生活者も含めて、農協組合員としての権利を保持したい意識の現れとも考えられる。そうした半他出者らを含めて、ほぼ全戸が農協に集う。

「一九七〇年農業センサス」によれば、当時の小田集落の農家戸数は三八戸である。これらが基本的に現在まで、農協の組合員としての資格を継承してきた。つまり、小田集落において「非農家」組合員は元農家であり、現在も自給畑の耕作をはじめ「農業」協同組合が事業を通じて支えるべき仲間だということである。

外海府地区六集落に話を広げても、状況はほぼ同様である。総農家数に土地持ち非農家数を加えて計八八戸、これに対して農協組合員は正一〇六名、准三八名の計一四四名にのぼる。地域住民のほぼすべてが農協に集っており、「一九七〇年農業センサス」時の総農家戸数一三八戸にほぼ対応する。加入が義務でも強制でもないことを踏まえれば、その後、商品生産としての農業からは離脱しても、イエの継承にともない、農協への組合員加入は次世代に引き継がれてきた。小さな農業・持続的な農村生活のために、農協の存在、諸事業がいかに期待されているかが見えるようである。

地区全体の総耕地面積は四〇ha弱であり、先述の「競争力のある」二〇ha規模を目指すなら、農業経営体は二者のみとなってしまう。これでは、集落の維持、農地や水の共同管理は心もとない。むしろ、小さな農林業の維持およびその協同による発展が地域における農業の担い手の育成につながることは明白である。地域の「尺」で担い手を育てつつ、正組合員だけでなく准組合員・地域住民をも包含し、農業を基礎としつつも地域全体の維持・発展に資する総合的な協同事業を地域の実情に合わせて展開することは、農協自身の存在意義でもある。それは、地域住民・組合員の要求・願いにも合致する方向と言えよう。

3　新潟県における農協の事業収益の変化と総合事業の意義

農協にとっても、営農関連事業への過度な傾斜は、リスクを伴う。新潟県内の単位農協の部門別収益状況（図8－4）からは、農業県だけあって、事業収益（売上高）では、さほど大きくはないように見える信用・共済事業（信用二三六億円＋共済一六七億円＝四〇三億円は事業収益全体の二三%）が、事業コストを差し引いた事業総利益では、全体の五七%（一八九億円＋一五二億円＝三四一億円）と半分以上を稼ぎ出し、農協の収支を支えているのがわかる。

また、指導事業と共通管理費のコストを各事業で按分した場合の収支構造（営業利益）では、たとえば販売事業の黒字額はわずか二億円にすぎない。営農部門は、販売事業に、その他事業お

図8－4　新潟県内農協の部門別収益（2014年度）

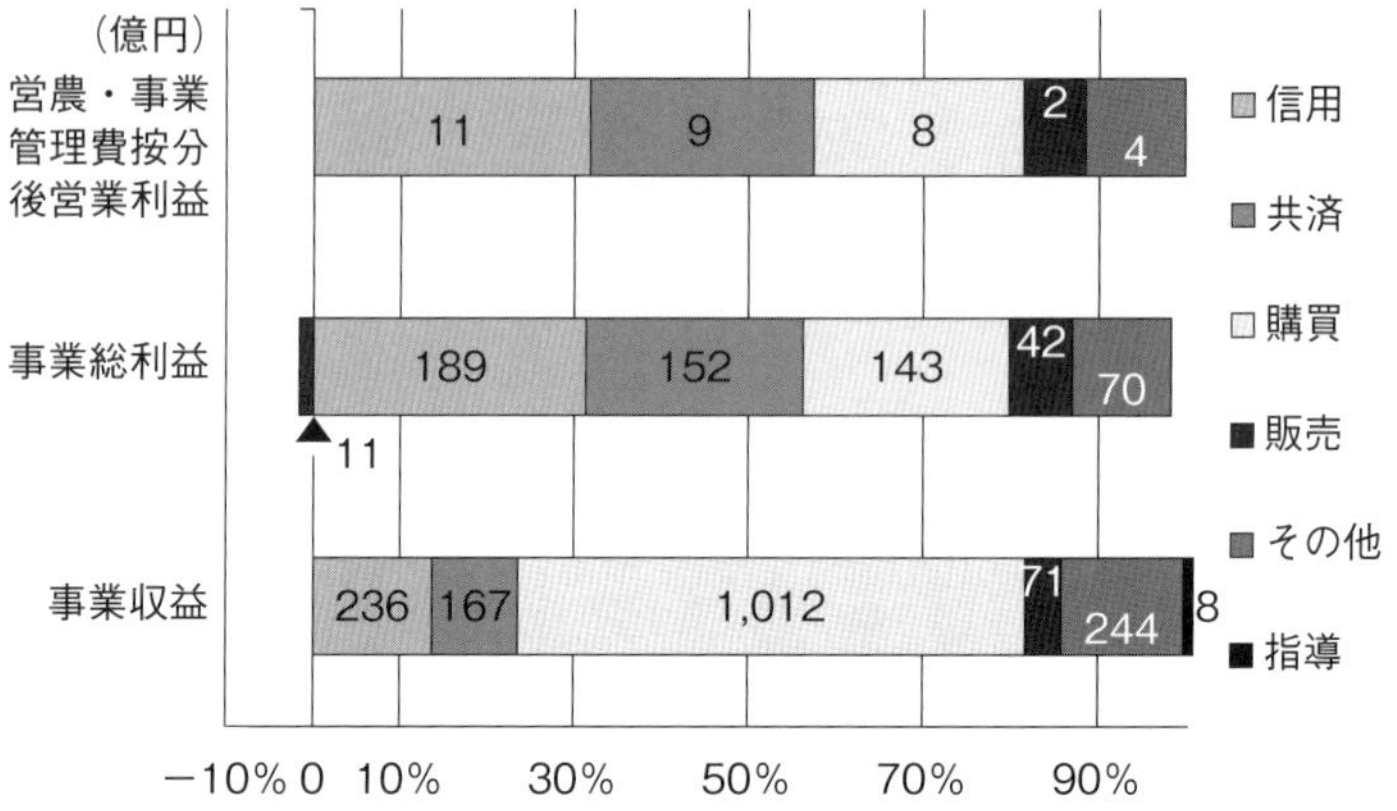

（出典）農水省「総合農協統計表」平成26事業年度。

よび購買のうちの生産購買を加えても営業利益はわずか七億円程度で、全体的に組合員への「サービス・非収益部門」となっている。信用・共済事業の収益（計二〇億円）に頼って農協経営を維持することを前提に、農家組合員への営農支援が可能になっていることも示される。新潟県のような農業県においても、准組合員などを含めた非営農部門と正組合員を中心とした営農支援が互いに補い合うバランスこそが農協にとっても大事であることが、改めて確認できる。

他方、近年の新潟県内農協の事業収支は、人件費の圧縮・リストラ路線のもとで、かろうじて一定の営業利益・経常利益を確保する厳しい状況にある（**図8－5**）。事業総利益額の減少に従い、事業管理費を節約している。その節約部分のうちの七四％が人件費で占められており、組合員や地域住民への「サービス」充実に努めようにも、内部職員体制として

図８－５　新潟県内農協の損益状況の推移

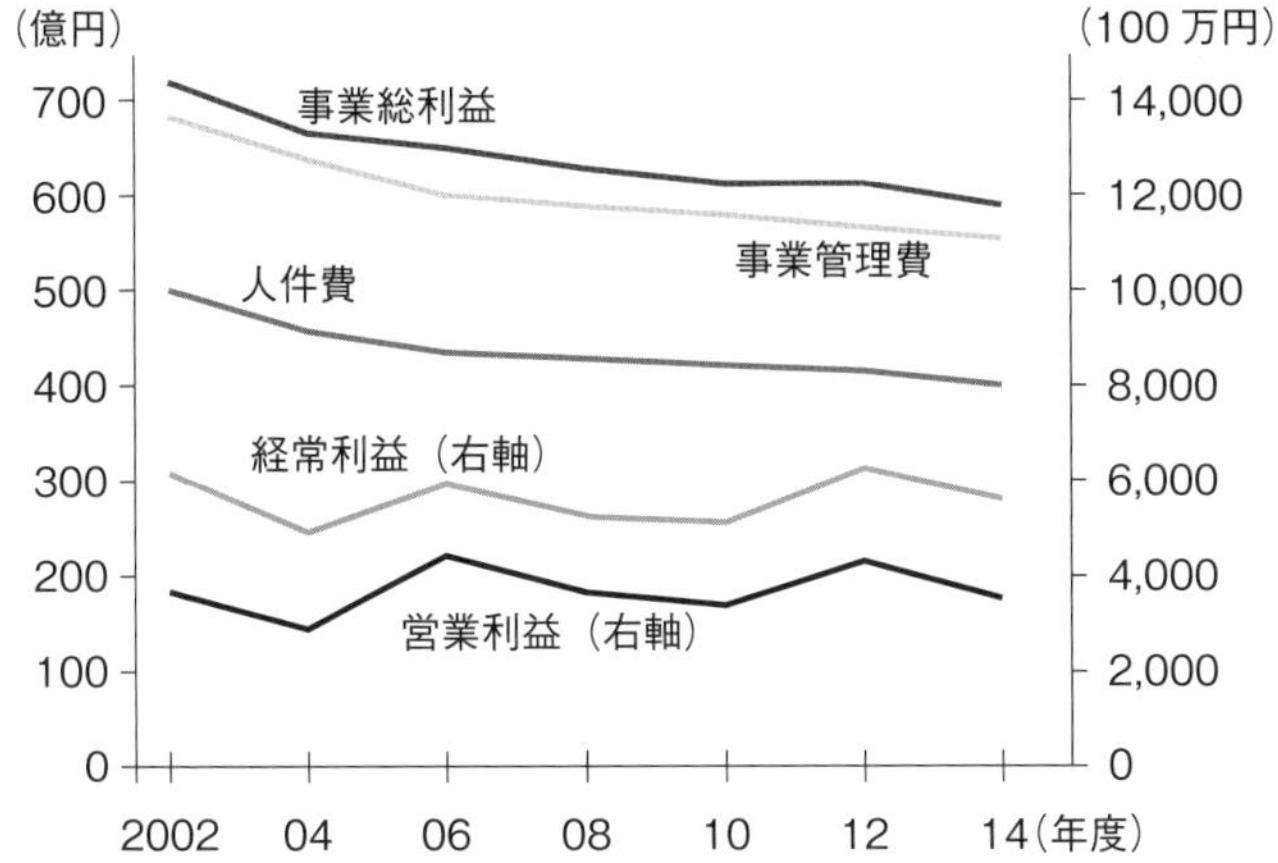

（出典）農水省「総合農協統計表」各事業年度版。

は、その余地は縮小しているのである。改めて、組合員や地域住民との協働が求められるところだ。

職員体制の劣化・リストラは、とりわけ購買部門において顕著である。その昔「米肥農協」と揶揄された稲作単作地帯の農協は、食管制度に守られて安定した米を扱い、それとセットで稲作のための肥料などの生産資材を供給することで、経営収支的にも組合員との関係も安定していたとされる。その良好な関係性のなかで、信用・共済などの他事業も自然とついてくる有利な事業環境のもとに置かれていた[3]。現在においても購買部門が事業規模としては最大であることは、**図８－４**のとおりである。

しかしながら、**図８－６**に示すように、ここ一〇年の職員配置の変化は顕著であり、とくに購買部門は以前の六五％の人員となっている。もとも

図８－６　部門別の農協職員数の推移（新潟県）

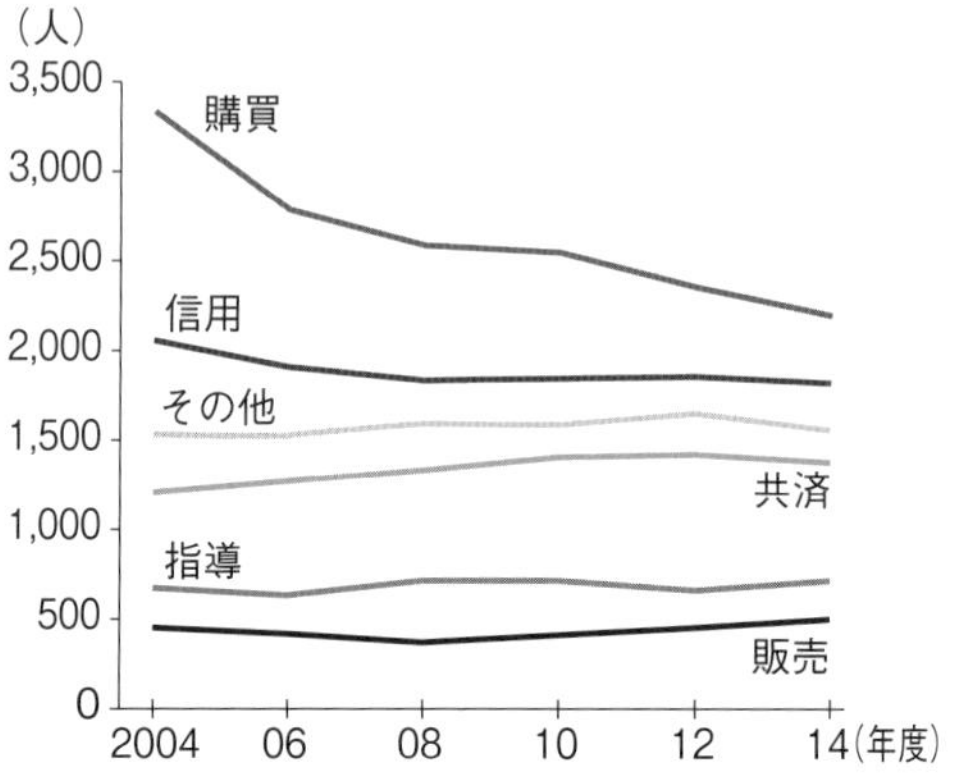

（出典）「総合農協統計表」各事業年度版。

と「儲からない」指導および販売部門に配置された最低限の職員をこれ以上減らすことができないなかで、「儲かる」信用・共済部門になるべく多くを配置する必要性があったと推察される。結果として、そのしわ寄せが生産および生活購買部門に及んでいく。購買部門を中心とした職員配置だった（二〇〇四年には全職員の三六％を占めていた）のが、子会社化などを含め、一気に職員数を減らしている。その数は一〇年間で一一四二人にのぼる。

このことは単に、一部門のリストラにとどまらず、総合事業としての農協事業全体のビジネスモデルの危機につながる。ガソリンスタンドや購買店舗などの生活購買事業のリストラが地域にとってダメージとなり、農協と組合員の距離拡大につながりかねないリスクはすでに述べたとおりである。

生産購買においても、たとえば農家への肥料配達は、農協マンのキャリアのスタートとして、営農技術習得の契機、指導技術・組合員農家との接点づくり、農家経営の内実を知る、いわば原点の仕事である。資材配達をとおして、組合員から信頼される喜びや組合員との信頼関係が

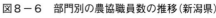

長期的にさまざまな事業利用や組織運営への参加につながることを実感すれば、その後キャリアアップして、さらに高度な営農指導あるいは他事業に携わる際にも、組合員との関係性を起点とした業務の組み立てが可能となる。そこに配置する職員を大幅に減らさざるを得ないことは、その延長線上にある他部門を含めて、組合員との関係構築や農協事業本来の強みの発揮において、ボディブローとなって深刻な影響が生じかねない。

4　農協の総合事業への組合員の期待

図８−７は、新潟県中央部にある越後中央農協管内の二集落における農協の各種事業についての評価（各層農家の単純平均値）である。同じ農協管内であるが、一集落は地元の卸売市場に直接販売するキュウリの専業グループ二〇戸で構成され、もう一集落は集落営農法人一者のみが専業で、残りは全戸兼業もしくは法人に農地を委託する土地持ち非農家である。集落戸数は六〇戸程度だが、住宅地造営による都市部からの住民入り込みがあり、農協の組合員は三〇戸程度である。それぞれ二〇戸からのヒアリング調査結果（大変不満・まったく不必要〜大変満足・とても必要までの五段階）を示した。

これによれば、まず農家組合員のうち全般的に兼業層において、各事業の満足度が高いことを指摘できる。二一（兼業層については当該集落で該当しない直売所を除いた二〇）の評価項目のうち、満足度・必要性ともに三以上を示す項目が一八にのぼり、その逆は三項目にすぎない。専業層では、前者が九・後者が一二であることと対照的である。なかでも兼業層では、指導事業(米や園芸)や販売事業(市場や小売直販)、カントリー利用、生産購買事業など営農関連の諸事業において、必要性の認識とともに満足度も高く、いわゆる兼業層の厚い支持を確認できる。

図８－７　組合員への農協事業に対する評価
(2014年、越後中央農協管内２集落)

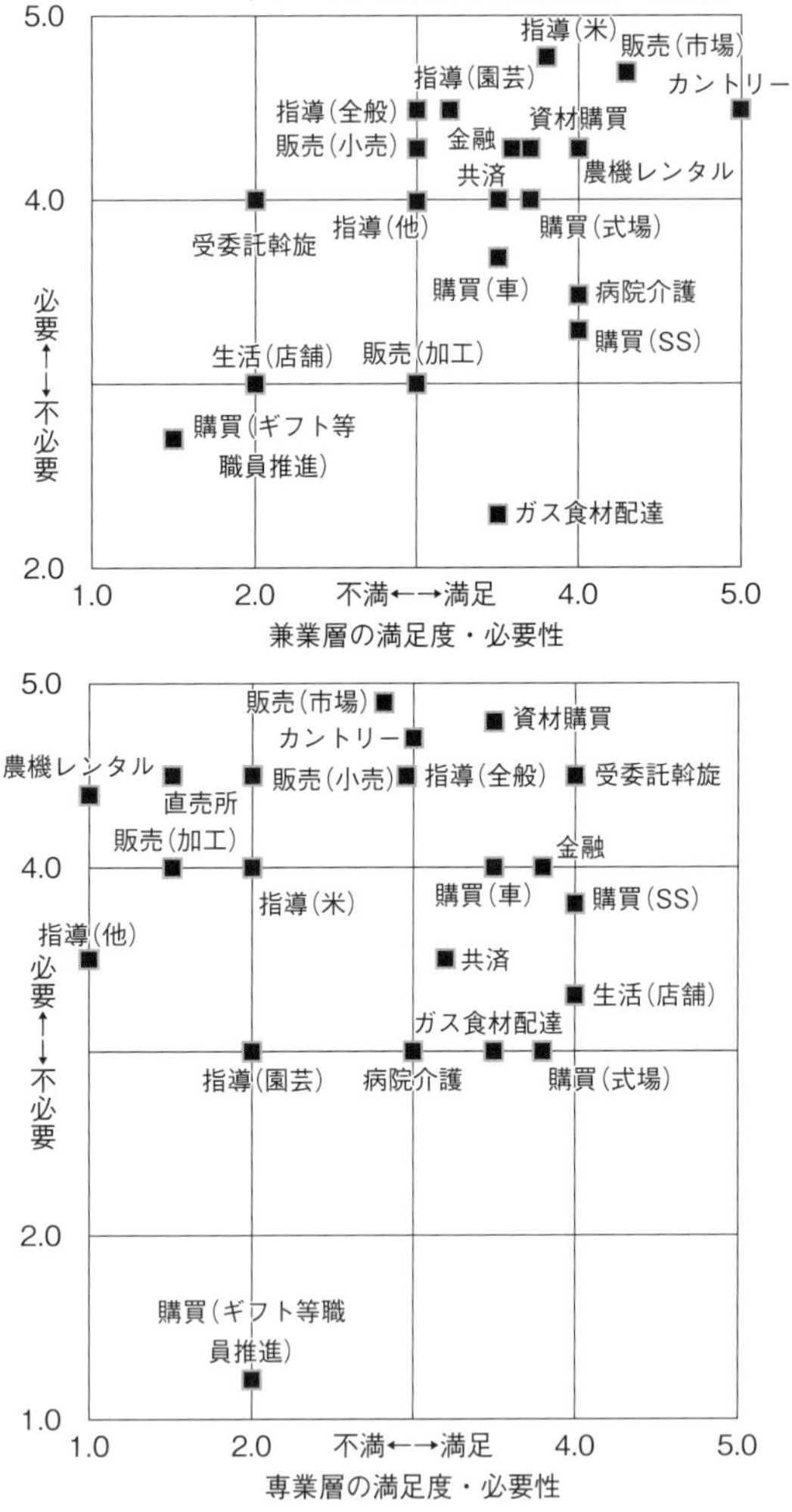

(出典)「新潟大学農村調査実習」2014年７月。

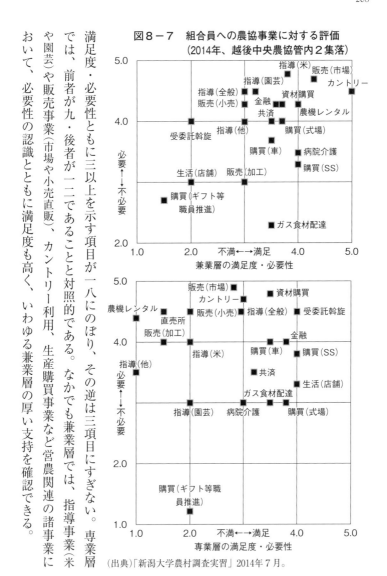

他方、専業層においては、販売事業の多くについて必要性は認識するものの、満足にはほど遠い評価（市場販売二・七、小売販売二・九、直売所一・五）にとどまっている。また、当該集落の主要農産物である園芸に関する指導事業においては、満足度（二・〇）が低いうえに、必要性さえすでにあまり感じていない（三・〇）実態が特徴的である。プロ農家ほど、技術指導において農協に頼る側面が少ないことの証であろう。

ちなみに、両者に共通するもっとも不必要な事業として、職員による購買品推進が挙げられていることも特徴的である。金融・共済事業については、どちらの層ともに一定の高い評価がある。そして、専業層においては、営農部門よりもむしろ生活部門において農協への比較的高い満足や必要性の認識が存在する。

これらから示されるのは、いわゆる兼業層からの絶大な支持とともに、営農部門におけるプロ農家にとっての物足りなさ、その反面としての生活関連事業への一定の評価・参加意識であろう。農協事業の本来的な強み、重視すべき根強いファン層の取り込み強化が求められる所以である。

当該地域は、新潟平野の中央部に位置し、条件不利地域とは言えないが、それでも農村は高齢化や過疎化が進展しつつある。いわゆる民間企業は、ガソリンスタンドにしてもスーパーなどの小売商店にしても撤退が目立つ。ヒアリング調査からは、地域に踏みとどまり事業を継続する農協事業の生活インフラへの期待は、むしろ高まりつつあることが示唆される(4)。

5　米市場の不安定化と共販・価格安定機能の必要性

　これまで、兼業化が進む地帯の農協事業の方向として、兼業農家組合員や地域住民を含んだ多様な組合員への生活インフラ機能の発揮を強調してきたが、新潟県においては当然ながら営農関連事業、なかでも主要農産物である米関連事業の再構築が大事であることはいうまでもない。ただし、これについては個々の単位農協の努力とともに、連合会を通じた県内単協同士の販売競争の調整、さらに言えば、県間調整を含む全国共販体制の再構築をセットで進める必要があろう。

　図8−8は近年の米（相対）価格について、前年産米の売れ残り在庫（六月末時点）との相関を見たものである。これによれば、近年の米価格は在庫の増減に強く規定され、全国ベースで売れ残りが一万トン（玄米）増えれば、全銘柄平均価格が六二円下がるという傾向が、図の右肩下がりの直線で示される。

　全銘柄平均価格が下がれば、各都道府県の米価格も連動して下がるので[5]、全国のどこかで売れ残りが発生すれば、被害はその産地の産米だけにとどまらず、全体の首を絞めることになる。「赤信号みんなで渡れば怖くない」の伝で、各産地が生産を拡大し、それはそれで販売努力もあり「売れる米」になったとしても、そのしわ寄せを食ったどこかの産地の過剰在庫が全体価

図8－8　前年産民間在庫と全銘柄平均価格の相関

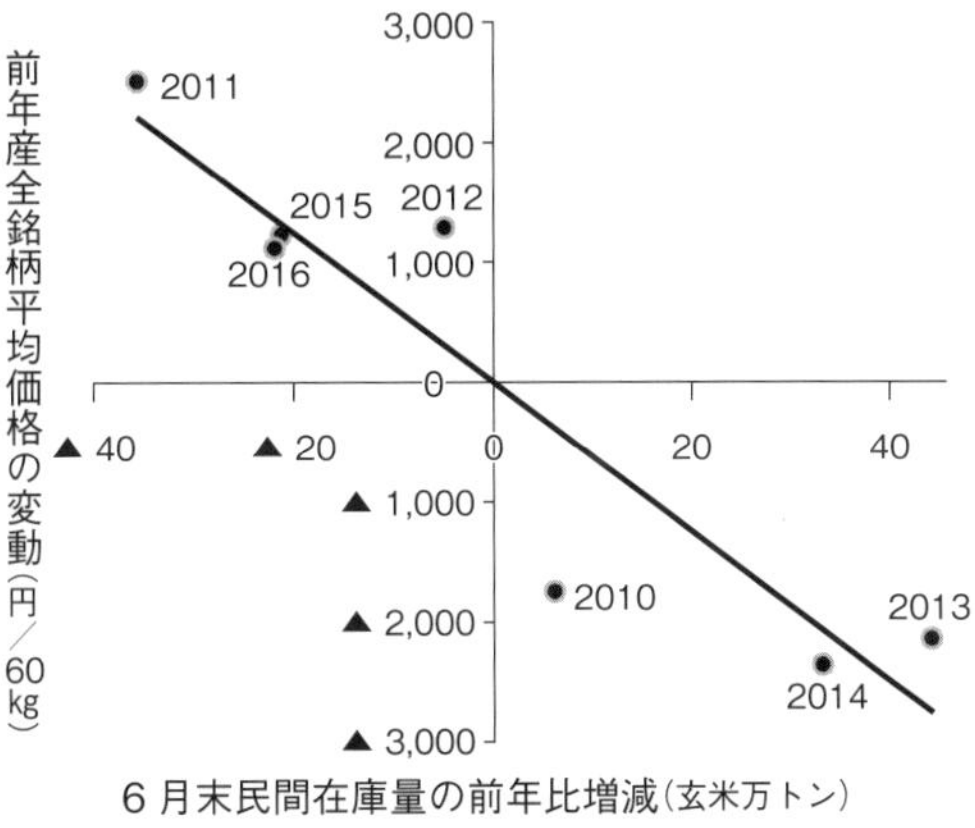

格を冷やすことになれば、それぞれの「販売努力」もムダになりかねない。改めて「一人は万人のため、万人は一人のため」を肝に銘じ、協同組合の真価が発揮されることを願ってやまない。

新潟県に典型的に表れるように、国の食管制度に守られた米に依存し、それさえ押さえれば事業も組織も成り立つという、旧来「制度としての農協」と言われた既存のビジネスモデルは終焉した。その分、協同組合の原点に立ち返り、組合員とともに、組合員や地域住民の営農と暮らしの期待・必要性に根差した一つ一つの事業を再構築する真の協同組合運動と、それを体現する新たな事業運営の確立が求められる。ヒアリングと図8－7（二〇八ページ）からは、そのような生活上のライフラインとしての機能発揮、あるいは地域における多様な農業・農村の担い手を束ね、協同の力で育む農協事業への期待が示されているのではないか。

（1）集落ごとに決まりがあり、当該他出者もムラ仕事への出役が原則である。不可能な場合は罰金を払い、それをもって出動・参加とする。罰金は出役者の日当に加算して分配する場合が多い。

（2）宮下正一さん（関集落総代）の発言。『新潟日報』二〇一七年一月二一日。

（3）近藤康男編『農業構造の変化と農協』（東洋経済新報社、一九六二年）、高橋七五三「米肥商型農協の展開と農業金融」（『協同組合経営研究月報』一九六一年一月号）など参照。

（4）二〇一四年七月、新潟大学農学部三年生一五名による実態調査。同様の結果は、他研究でも共通である。波田野圭祐「中山間地域農村集落における農協准組合員の性格と参加意識―新潟県阿賀町を対象として―」（二〇一六年度新潟大学卒業論文）では、阿賀町の二集落（正組合員一一名および〇名）において、農協の各種事業への参加密度が上がり、もとからの非農家集落構成員を含め、過疎高齢化で民間企業が撤退するなかで他に替えがたい利用先として存在感が高まりつつあることが示されている。

（5）紙幅の制限があり、図示は避けるが、全銘柄平均価格と新潟県産コシヒカリの価格の連動性も高く、全銘柄平均価格の一〇〇〇円の変動に対して七五円の変動が近年の傾向である。たとえば、佐渡産コシヒカリは佐渡農協の販売努力もあり、環境保全型農業による「朱鷺と暮らす郷づくり認証米」は一般地区の新潟県産コシヒカリと比較して一〇kg精米あたり一〇〇〇円程度のプレミアムが付く。しかし、全国ベースの価格水準自体が下がれば、それに連動して、佐渡産米の価格も下がるという矛盾をかかえており、その解決は各単位農協では成しえない。全国的な価格コントロールのための生産―販売調整機能が必要である。

第9章　酪農制度改革と指定生乳生産者団体

矢坂雅充・高橋巖

1　本章の課題

日本の酪農・乳業の制度の基本的な枠組みが変わる。加工原料乳生産者補給金の交付制度などを支える不足払い法（加工原料乳生産者補給金等暫定措置法）を廃止し、補給金制度を改訂したうえで畜産経営安定法（以下「畜安法」という）に改めて組み込むという法改正が、二〇一七年六月九日に成立した。改正法は、二〇一八年度から施行されることとなる。

多くの予想とは異なり、農協による生乳共販をベースとする指定生乳生産者団体（法律上の略称は指定団体、以下「指定団体」という）制度の廃止は、不足払い法の改正ではなく、指定団体制度を規定した不足払い法が制定される前の法律である畜安法に立ち返るという手法で実施された。補給金制度などの必要な規定のみを畜安法に移行して、酪農制度をリセットしようとしていると言えよう。

こうして酪農制度の改革は弥縫《びほう》的な修正ではなく、その妥当性はともかくとして、規制改革会議の提言に沿って既存の仕組みを廃止し、新たな組織や制度を導入する形で行われることとなった。主要な改正点は規制改革会議の提言を反映しているが、併せて畜安法に由来する改正も注目される。

本章では、この畜安法改正による生乳流通制度を中心とした酪農制度改革の内容を検討し、それらがもたらす影響や問題点を整理したい。ただし、後に詳述するように、畜安法改正が酪農生産者、農協、生乳流通業者・ブローカーなどにどのような影響を与えるかは、二〇一七年九月六日に公表された政省令、それを踏まえた後に公表された生産局長通知の具体的運用しだいである。「生産局長通知」という法的拘束力が曖昧で、行政の判断に委ねられた文書によって酪農制度の基本的な運用ルールが定められることへの批判も大きい。いずれにせよ、改正畜安法のもとで、酪農制度の断絶性あるいは連続性の度合いが明確になるには、まだ時間を要すると考えられることをあらかじめ指摘しておきたい。

2　現行酪農制度の概要

二〇一八年に改正畜安法が施行されるまでの現行酪農制度について概説しておこう。

牛乳・乳製品の原料となる乳牛から搾られる生乳(殺菌される前の生の牛乳)は、米や麦のように保管できる農産物と異なり、腐敗しやすく保存できない生鮮品である。したがって、食品衛生法などの法律上また衛生管理上、生乳を乳業メーカーに迅速に販売し、殺菌施設を有する乳業工場に運ばなくてはならない。さらに、「水物」であるため輸送費が嵩む。それゆえ、需給実勢や販売価格と関係なく酪農家は、「取引相手としている特定の乳業メーカーに生乳を売り切らなければならない」という状況に置かれ、その立場は構造的に弱くなる。

また、暑さに弱い乳牛の生理上、生乳は夏期に生産が減退し、冬期に増加する。これに対して、人間の需要はそれと真逆である。牛乳をはじめ乳製品を使用した乳飲料やアイスクリームなどは、暑い夏が需要期となる。こうした中での生乳の需給調整や取引は、あらゆる農産物の中でもっとも困難と言える。

かつて乳業メーカーは、冬期などの不需要期に得た飲用牛乳需要を超える生乳を脱脂粉乳・バターなどに加工して保存し、生乳が不足する夏期などの需要期にそれらを水で戻した「還元乳」によって製品を製造することで需給調整を図り、利潤を確保してきた。しかし、酪農家はこうした生乳の特性によるリスクを直接的に被り、季節や需給変動により短期間で乱高下する取引乳価に翻弄されざるを得ない。ときには乳業メーカーから「買いたたき」に遭うなど、常に不利な取引条件にさらされることになる。このため酪農家と乳業メーカーの間には乳価をめぐる紛争が頻発し、生産者による「生乳出荷スト」も行われた。

一方、牛乳・乳製品の需要が大幅に増加した高度経済成長期には、乳業メーカーが酪農業協同組合（酪農の専門農協、以下「酪農協」という）・酪農組合などの「生産者団体」を育成して酪農家を囲い込む「タテ割り」取引も展開された。これは、乳業メーカーが集乳地盤を安定させるため、自社の工場に近い特定の酪農家などに対して「特約的取引関係」（飼料販売や獣医師派遣などとセットで生乳取引を行い、他のメーカーと取引させない）を結ぶためである。

本来、酪農家が地域的にまとまり、合理的な生乳取引が行われれば、効率的な需給調整ができるはずである。にもかかわらず、同一地域で複数の乳業メーカーが「タテ割り」で錯綜した取引を行い、小規模生産者団体を乱立させた結果、総体的に酪農家の乳価交渉力は低位にとどまり、各地で需給変動に伴う混乱が拡大した。

そこでまず、一九六一年に畜安法が定められ、次いで一九六六年より抜本的な酪農対策となる不足払い法が施行された。日本の生乳取引は、基本的に生鮮品である牛乳生産が優先され、残りが保存性の高い乳製品加工に仕向けられるため、飲用牛乳向けの生乳は乳価が高い。一方、不需要期に余った「余乳」をはじめ、消費地から遠く離れた山間部や北海道の生乳は、主に脱脂粉乳・バターに加工される乳製品向け（加工原料乳）となる。その乳価は、飲用牛乳向けより低い。

不足払い法は、この乳価の低い加工原料乳向け生乳を対象として、乳業メーカーが支払い可能な「基準取引価格」と、酪農家が再生産に必要な生産費から算出される「保証価格」の間の価格差を埋めるために「加工原料乳生産者補給金（補給金）」を国が支払い（不足払い）、酪農家の再生産を促進する制度である。

こうして、加工原料乳は国の価格政策の枠組みに入ることになった。そして、補給金が交付される窓口として、生産者側の生乳取引団体である「指定団体」が各都道府県に一団体ずつ設立された。酪農家が生産する生乳の全量を農協・農協連合会を通じて委託販売する指定団体は、各都道府県における生乳取扱数量の半分以上を取り扱う農協または農協連合会である。生乳共販とともに独禁法適用除外の機能を有していたため、生乳を指定団体に「一元集荷」し、飲用向け生乳を含む生乳取引で、酪農家の乳業メーカーに対する価格交渉力の強化と、混乱していた乳価の平準化などが期待されたのである(図9−1)。

以後、約五〇年間にわたり、不足払い法に規定された指定団体制度は基本的に堅実に運用され、酪農・乳業の発展に貢献してきた。とくに、北海道など加工原料乳地帯の生産性向上と、その反映による大規模酪農経営の形成に大きく寄与し、おおむね一九八〇年代には「日本の酪農経営はEU水準を超えた」と言われる規模にまで成長した。牛乳・乳製品を必要とする食生活の変化もあり、米の「生産過剰」で減反が始まった一九七〇年以降も順調に伸びていく。

しかし、生乳需要は一九七〇年代末から鈍化に転じ、「過剰」乳製品圧力による乳価下落が懸念されたため、一九七九年から指定団体(沖縄県を除く)を母体とする生産者の自主的取り組みとして「生乳計画生産」が実施された。現在もこの取り組みは続き、生乳需給の安定に貢献している。

（2018年改正畜安法施行まで）

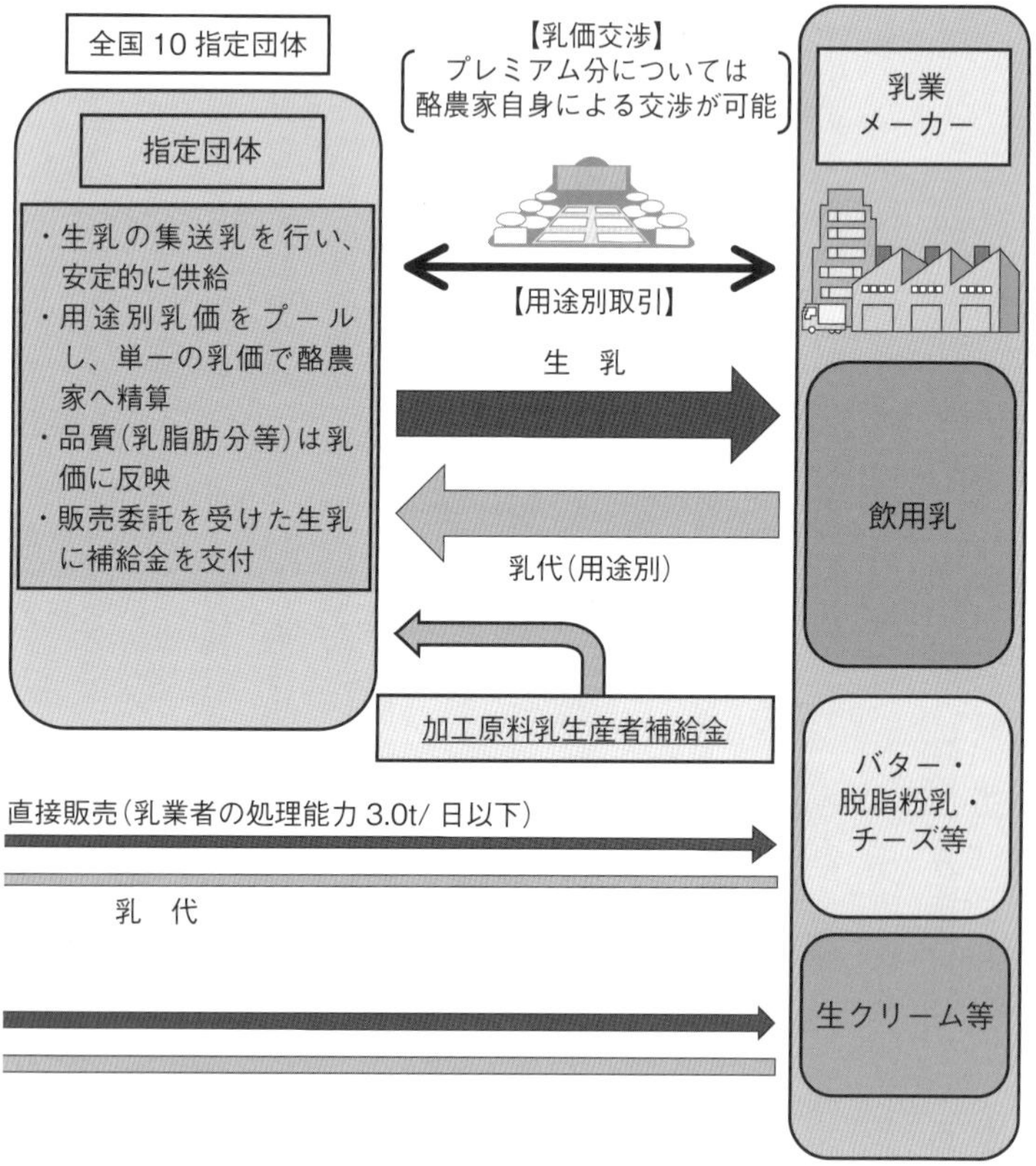

図９－１　生乳の販売ルート

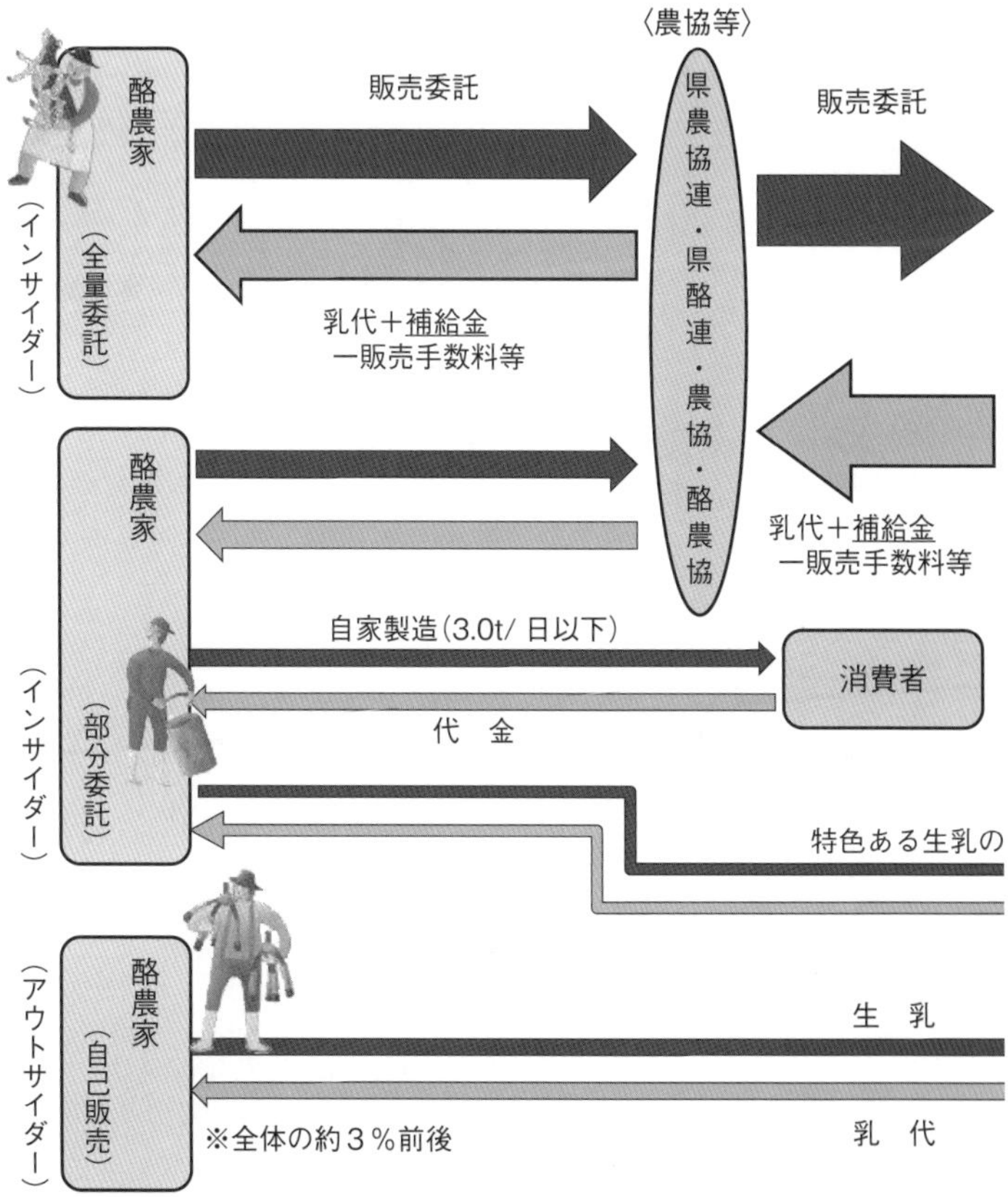

（注１）各都道府県の指定団体は、2001年に10の「広域指定団体」に移行した。
（注２）アウトサイダーの取引では、生乳卸売業者や生乳取引仲介業者が流通を担っていることが多い。
（出典）農水省生産局『指定生乳生産者団体について』（2017年）に筆者加筆。

図9－2　全国の指定団体(2018年改正畜安法施行まで)

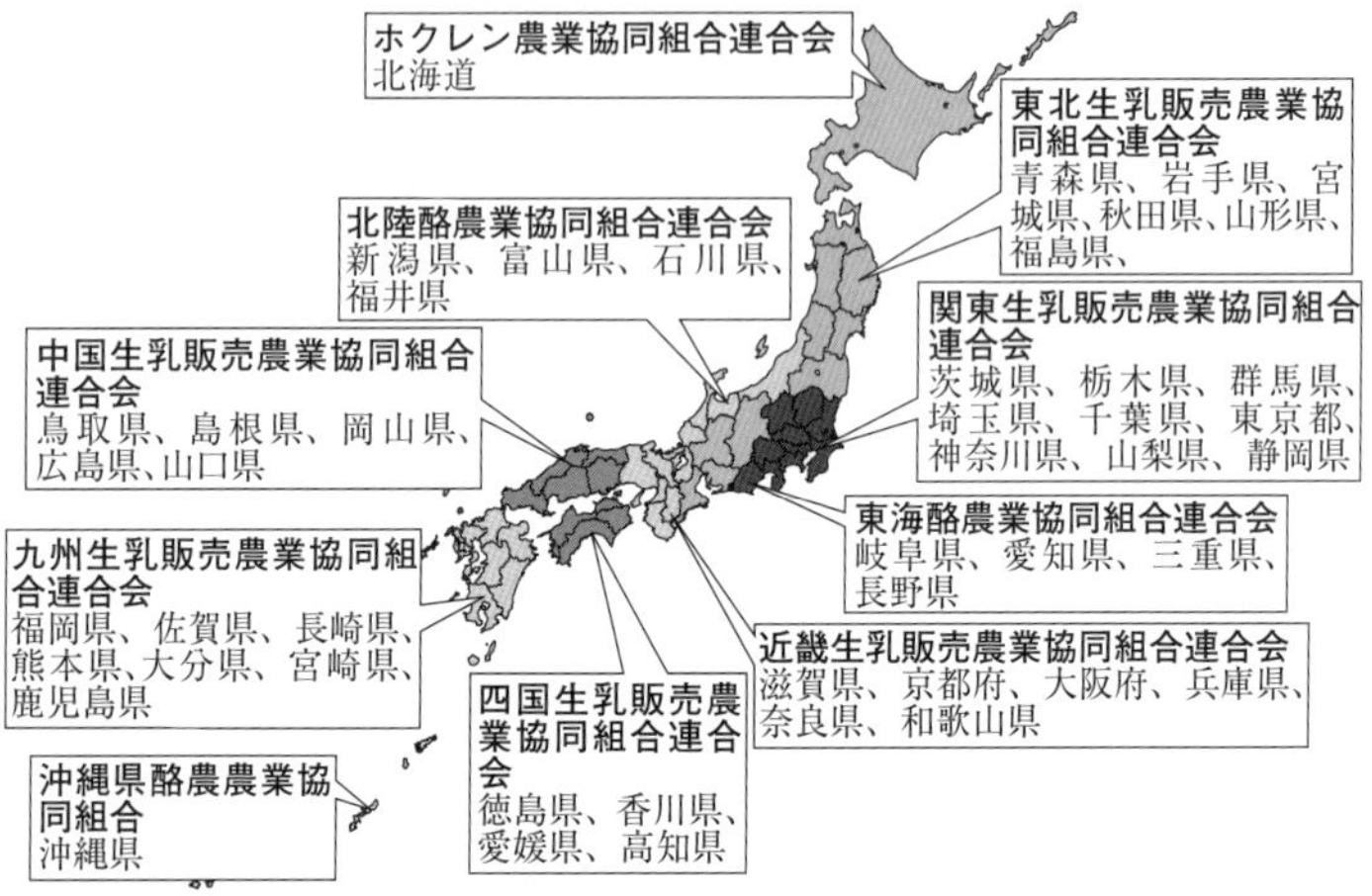

(出典)農水省生産局『指定生乳生産者団体について』2017年。

もとより、すでに述べたような生乳の特質から、その需給調整は非常に困難である。農協共販を基礎とする指定団体制度がなければ、この困難な事業の四〇年近い継続はとうてい不可能であった。

もちろん、指定団体への出荷や生乳計画生産への参加(インサイダー)は強制ではなく、指定団体外への出荷は脱法行為ではない。実際に、指定団体を経由せず乳業メーカーと直接取引する「アウトサイダー」は、常時、全体の三～五%程度存在してきた。

アウトサイダーの酪農家は、自らの経営責任で、指定団体に出荷するより高乳価を実現する(と判断する)乳業メーカーと直接取引する。需給緩和時の乳価下落リスクは自己責任で被り、指定団体共販や生乳計画生産(需給調整)を経てもたらされる補給金は受け取れない。

その後、ガット・ウルグアイラウンドの農業合意を受けて、二〇〇一年に、国の関与を減らして自由取引の割合を高めるため、「基準取引価格」廃止などの不足払い法の改正と、指定団体を複数都道府県域とする「広域指定団体」に移行するなどの制度変更が行われた(図９－２)。しかし、指定団体を中心とする酪農制度の大枠は二〇一七年まで維持されてきた。すなわち現行酪農制度は、補給金の交付要件として指定団体共販への参加を課すことによって指定団体への結集を促し、それを通じて日本全国の牛乳・乳製品の安定供給や合理的な乳価形成を達成する役割を果たしてきたと言える(1)。

3　規制改革会議による現行制度に対する批判

二〇一六年三月三一日の規制改革会議の提言「より活力ある酪農業・関連産業の実現に向けて～生乳流通等の見直しに関する意見～」では、全量委託・一括集乳・共同販売を基本とする指定団体のもとでは、生産者による品質向上・ブランド化へのインセンティブがわきにくいとして、多様な生乳販売の選択肢の確保が強調された。

次いで、同年一一月一一日の規制改革推進会議の提言「牛乳・乳製品の生産・流通等の改革に関する意見」で提言されたのは、次の二点である。

①「農協改革」の考え方に即して、共同販売、乳業メーカーへの直接販売、生産者による生

乳処理・加工など、生産者が生乳出荷先を自由に選べるようにする。
②指定団体とその他の販売ルートの競争条件の公平性を確保するために、補給金交付対象を指定団体に限定する指定団体制度を廃止する。
しかし、そもそも補給金は、指定団体による飲用向けを含めた全生乳の配乳調整の「結果」として発生する加工原料向け生乳に対して支払われ、指定団体共販を経てもたらされるものである。規制改革会議の言い分は、簡単に言えば、指定団体に出荷しないで、飲用向けに限定した「高乳価」販売を求めて生乳計画生産にも参加せず、より高い乳価を求めて取引先を随時変更するアウトサイダーにも形式的な平等を重視して補給金を支給して、販売リスクを国が負担しろ、という内容である。制度矛盾を惹起する以外の何ものでもない。「いいとこ取り」といわれるゆえんがここにある。

提言が取り上げた論点は、バター不足問題に関連した乳製品の国家貿易の運営方式や酪農家の働き方など、多岐にわたっているが、しだいに指定団体制度と結びついた加工原料乳補給金制度、農協・農協連合会への生乳全量委託販売の二点を改革する内容にしぼられていった。

4　畜安法改正の主要論点

形式的な断絶性と実質的な連続性

こうした規制改革会議の酪農制度改革の狙いは、本書各章で明らかにしたとおり、協調や相互扶助ではなく、競争のみが社会経済的に有用な成果をもたらすという、「実態」とはかけ離れた抽象的な概念をそのまま導入しようとする粗野な試みである。規制改革会議は、「農協改革」の中に指定団体改革を一貫して位置づけてきた。したがって、「農協改革」でみられたように、農協による共販機能や生乳計画生産など、農協組織を基礎とする指定団体の果たす需給調整の役割を正当に評価せず、その力を弱めようとする官邸サイドの強い力に農水省は終始支配されることとなったのである。

それゆえ、生乳流通市場の課題を実態的に解明して改善するのではなく、「販売の自由」や「イコールフッティング」などの抽象的な概念をかざして大きな改革を断行する必要があったのであろう。そして、こうした論理を最後まで無理強いして、酪農・乳業関係者や研究者の理解が得られないまま、畜安法改正＝不足払い法の廃止を押し通した。

畜安法改正によって、酪農制度は形式的には「抜本的に改革」されることとなった。不足払い法の廃止にともなって、補給金を交付するために指定された指定団体が廃止され、補給金は指定団体に生乳販売を委託しないアウトサイダーにも交付されるようになる。さらに、酪農生産者が指定団体に生乳の全量を委託販売するという原則を改め、部分委託販売が認められる。酪農生産者は複数の出荷先に生乳を販売でき、生乳の需給調整にしばられることなく、有利販売を追求するように仕向けられる。まさに、酪農制度は断絶的な変化をとげることになる。

一方で、酪農制度の実質的な連続性も疑いようがない。指定団体は長い年月をかけて、生乳流通市場で需給調整機能を発揮するようになった。そして、多くの乳業メーカーとの安定的な取引の継続によって、約九七％もの集乳シェアを維持してきたのである。乳業メーカーに直接生乳を販売する酪農生産者もあったが、乳業メーカーが生乳を全量買い取る保証はなく、一時的なものにとどまった。乳業メーカーにとっても、必要とする量の生乳を提供しようとする指定団体は、自らの生乳需給調整負担を軽減する有用な組織であった。

補給金交付組織としての「指定」がなくなっても、大量の生乳を安定的に売りさばいてきた指定団体への信頼が失墜するわけではない。なによりも、指定団体と同様に信頼性がある生乳流通業者・ブローカーが育っていない。農協・農協連合会（以下「農協等」という）への部分委託販売では、いいとこ取りの利用を制限する取引ルールが政省令・生産局長通知で示されている。少なくとも改正畜安法の施行とともに、すぐに生乳流通が大きく変わることはないと言えよう。

畜安法改正の特徴は、こうした形式的な断絶性と実質的な連続性にあるだけに、その影響は不透明である。制度の形式的な断絶性が、生乳需給の変動の中でどのような形で表れるのか。

制度の実質的な連続性が、どの程度の期間にわたって有効に維持されるのか。以下、①加工原料乳補給金制度改革、②農協等への生乳委託販売に関する改革、③新たな「指定団体」の設置に伴う改革、④酪農制度が畜安法で規定されることに由来する改革の順に検討していこう。

加工原料乳補給金制度の見直し

加工原料乳補給金は、後にみる一定の要件を満たしていれば、現在の指定団体以外の事業者であっても同様に交付される。ただし、現行の加工原料乳補給金は集送乳調整金とそれ以外の補給金（以下「補給金」という）とに分けられることとなった。現行の補給金単価での交付を受けようとすれば、「新たな指定団体」となって部分委託販売に応じなければならない。この点は後述することにして、現行の補給金から集送乳調整金を除いた「補給金」についてみておこう。

インサイダー・アウトサイダーを問わず、生乳が加工用途に仕向けられた場合に補給金が交付されるのは、形式的には当然と言えよう。生乳の委託販売を行う指定団体や買取販売を行うブローカーなどの流通業者、乳業メーカー、生乳を直接販売する農家、生乳を自家処理して牛乳・乳製品を製造販売する農家のいずれであっても、補給金の交付対象となる。補給金をこれまで指定団体に交付してきたのは、乳業メーカーと酪農生産者の組合などとの特約的な生乳取引が根強く残っていた生乳流通市場で、指定団体が配乳権を獲得して実質的な生乳販売組織として機能するための支援措置であったと言ってよい。今日では、その必然性は希薄である。(2)

では、補給金交付のための一定の要件とは何か。補給金の交付要件として、①年間を通じた用途別の需要に基づく安定取引、②適正な補給金の交付業務、③用途別取引の実施が示されている。補給金は加工原料乳に対して交付されるので用途別取引が前提とされ、共同計算による酪農生産者への公平な交付が欠かせない。②と③は当然の要件と言えよう。

①の「用途別の需要に基づく安定取引」という要件は、生乳の用途別年間販売計画(月別、年間計)で判断される。生産局長通知では、用途別取引数量の二分の一の二割以上の処理実績という基準が示された。だが、安定取引の判断は一義的には決まらない。生乳の用途別需要は地域や出荷先の乳業工場によって異なるうえに、用途別取引量はあらかじめ確定できない。生乳の出荷量や用途別の処理量も日々変動するからである。

貯蔵性がなく取引乳価が高い牛乳や生クリームなどの液状乳製品の需要に優先的に対応して生乳が処理されるので、貯蔵性のある脱脂粉乳・バターなどの加工用途に向けられる残りの生乳処理量は大きく変動する。前者の比率が大きければ、後者の変動は増幅されて一層大きくなる。したがって、飲用向け生乳販売に特化するブローカーも、不需要期の生乳を廉売で売りさばけなければ、損失を出してでも乳製品への加工委託などで処理せざるを得なくなる。

補給金交付の要件は、生乳の需給逼迫で加工向け生乳が大幅に減少してバター不足が再発する事態や、牛乳の不需要期にブローカーなどが生乳を廉売して飲用向け生乳市場が混乱するといった事態を招かないための牽制という程度に理解すべきだろう。

農協等への生乳部分委託販売

生乳は乳業工場での迅速な処理加工が不可欠なので、農協共販では全量委託販売が一般的である。[3] 規制改革会議は、「生産者などと全量委託販売契約を結ぶ指定団体が九七%もの集乳シェアを持つことで、指定団体以外の出荷先の選択肢が奪われている」とみなし、「部分委託を原則とする」と主張してきた。改正畜安法では、集送乳調整金を含めた現行の単価水準での補給金交付を受ける場合には部分委託であっても生乳取引を拒めないとされ、この提言が反映されている。

日本の指定団体の集乳シェアがきわめて高い水準で維持されているのは、不足払い法が各都道府県域で集乳シェアの過半を占める農協組織を指定団体として指定したという理由にとどまらない。需要量に応じた生乳を乳業メーカーに販売することで乳価交渉力を担保し、生乳の自主的な計画生産や広域的な生乳流通調整・余乳処理といった需給調整機能を向上させてきたからである。

それは、日本では「工場着乳価取引」という取引ルールが採用されていることの反映でもある。工場着乳価取引では、集送乳経費は生産者が負担し、乳業工場への配乳調整の余地が生産者サイドに与えられる。ただし、乳業メーカーは取引乳価だけでなく、需要に応じた生乳供給、つまり生産者サイドの生乳需給調整を重視し、需要量に応じた配乳を求めてきた。[4] 酪農生産者も個別では生乳の需給調整を行う余地は限られており、指定団体に販売を委託して生乳の需給

図９－３　部分委託が進んだ場合のシナリオ

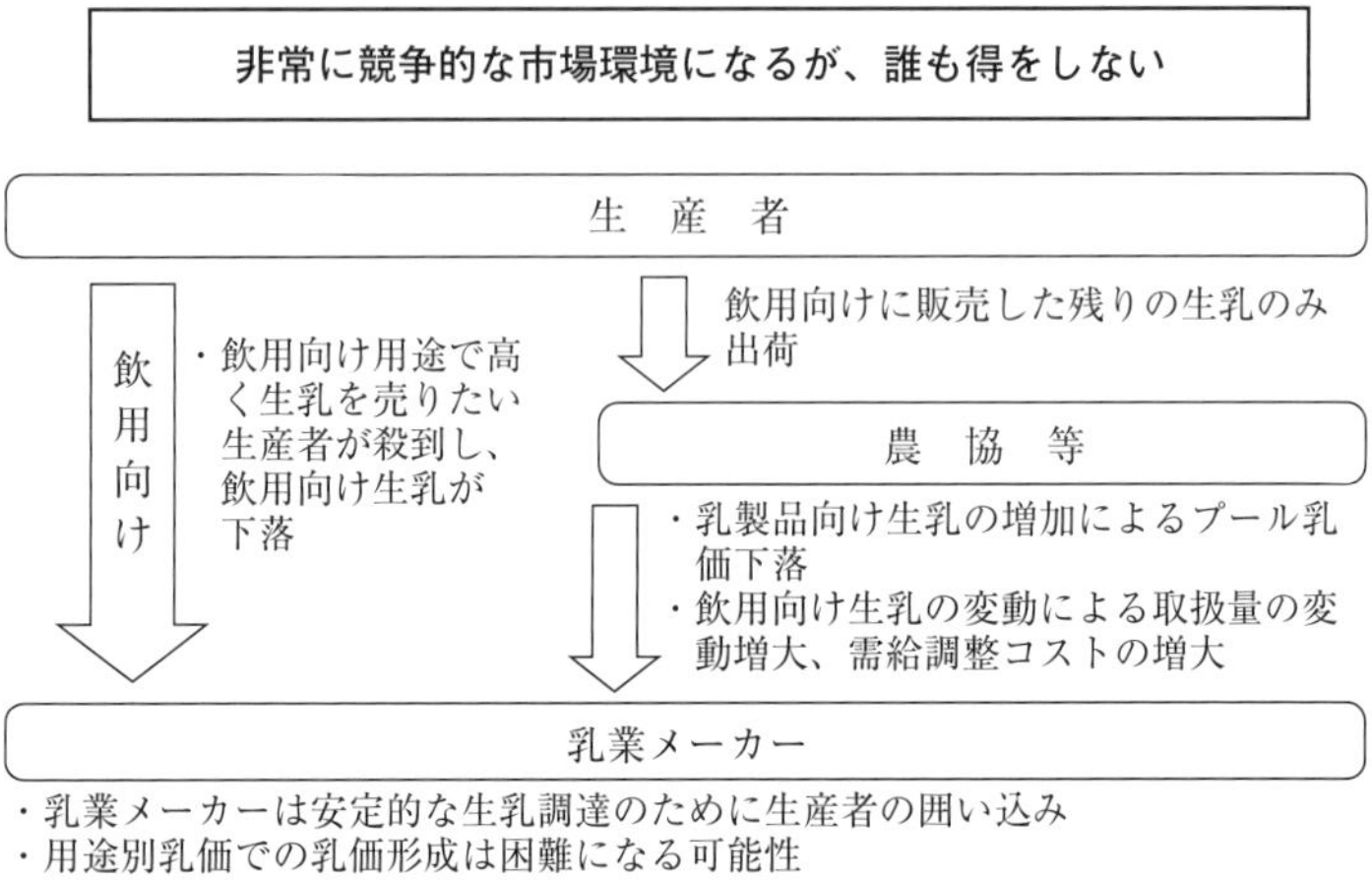

（出典）清水池義治「畜安法改正で予想される影響と需給調整の今後」『畜産経営経済研究会シンポジウム資料』2017年５月20日。一部筆者が改訂。

調整に伴う経費を共同で負担するほうが現実的であった。指定団体には生乳需給ギャップの調整を集中して効率的に行うことが期待され、その仕組みを持続的に維持するために全量委託販売が原則とされてきたのである。

生乳の農協等への部分委託販売によって、特定の出荷先に販売した残りの生乳の販売が指定団体に委託されるような「いいとこ取り」の取引が広がれば、需給逼迫期には指定団体の集乳量が減少し、過剰期には逆に集乳量が増大して、需要に見合った生乳販売はできない。このように生乳共販に需給ギャップが集中的に表れれば、共販事業は成り立たなくなる（図９－３）。

そこで政府は、部分委託販売には政省令で一定の条件を付すこととした。農協等への部分委託を認めない要件が、生産局長通知の生乳受託契約例に明記されることとされ、その概要が以下のように示された。①生乳生産の季節変動を越えて変動する取引、②短期間の生乳取引、③特定の用途仕向け販売を条件とする生乳取引、④統一的な品質基準を満たさない生乳の取引、⑤売れ残った生乳の取引である。

これらの要件を満たすという制約を設ければ、部分委託販売を認めても指定団体に生乳の需給調整負担が集中することはないと、抽象的には言いうる。しかし、「安定的な生乳取引」の指針を示しても、実際には厳密な運用は難しく、その傾向を緩和するにすぎない。生乳生産の季節変動や売れ残りなどの客観的判断は、きわめて難しいからである。

年間を通した部分受託・買取契約取引で月別の取引量を明記しても、生乳生産量は乳牛の疾病、気温・天候の変化、給餌飼料の状態などによって変化する。生乳出荷量を契約数量に厳密に合わせることはできず、一定幅でのずれは容認せざるを得ない。生クリーム・脱脂粉乳を含む乳製品向けの生乳が特定の月にまったくないというような極端な「いいとこ取り」を排除するという制度の制約にとどまらざるを得ない。

飲用向け生乳販売を基本とするアウトサイダーが牛乳の不需要期などに直面する販売不能乳の発生は、年末年始などのごく短期間であり、数量も限られている。部分委託によって、指定団体向けの出荷乳量を余乳処理のために数日程度大きく増減させても、それ以外の出荷乳量を調整すれば、月別の処理量では「季節変動を越えて変動する取引」であると判断できるような取引にはならない。

乳業との直接取引や生乳の自社処理を行う酪農生産者・団体が自ら調整し得ない需給ギャップは、農協等への部分委託のなかで処理される可能性がある。

新たな「指定団体」の設置

現行の指定団体は廃止され、新たな組織が「指定団体」という名称で設置される。①生乳販売の委託・生乳売り渡しの申し出を拒まない、②集送乳業務の経費算定方法などが一定の基準によって定められている、という集送乳調整金の交付要件を満たす生乳生産者団体・一般事業者が、新たに「指定事業者」として指定される。

指定された生乳生産者団体は、「指定生乳生産者団体（指定団体）」という旧来と同じ名称が付される。「域内生乳の過半を扱う受託組織」というこれまでの指定団体の要件はなくなり、生乳の部分委託の申し出であっても拒めない、まったく別の販売組織が指定される。それでも同じ名称である「指定団体」とするのは、制度が継承されたと誤解させ、制度改正による不安を抑えるためであろう。

特定の生産者のみとの間で生乳受託販売・買入取引を行う事業者には、一キロあたり約二円と言われる集送乳調整金は交付されず、補給金単価は減額される。とはいえ、生乳の飲用向け販売を目的とするアウトサイダーのブローカー・団体にとって補給金は重要ではなく、補給金単価の減額もあまり意味を持たない。指定事業者・指定団体として指定されるメリットはほとんどないと言えよう。

畜安法に由来する改革

①市場介入廃止の法制化

もともと畜安法で規定されていた、政府の乳製品市場介入措置が廃止される。「原料乳及び指定乳製品の価格安定措置並びに指定乳製品の調整保管制度を廃止する」という規定が盛り込まれる。具体的に明記されたのは、乳製品の買い入れ・市場隔離あるいは乳業メーカーの乳製品在庫への金利・保管料補助による出荷抑制措置の廃止である。

これらの乳製品市場対策は事実上発動が停止されてきたが、生乳過剰時の乳価暴落などを回避するためのセーフティネットとして設けられていた。生乳過剰時の市場安定化対策は、もっぱら指定団体による計画生産や余乳処理、乳業の乳製品在庫積み増しなどに依存し、それが酪農・乳業の数量による需給調整への傾斜、価格調整への過度の拒絶的な姿勢を招いてきた。

今後、政府の市場対策は乳製品輸入のみとなり、生乳過剰時の乳製品や生乳の市場は最低限の安定化装置＝セーフティネットを失うことになる。「生乳需給は基本的に不足基調で推移し、生乳過剰による市場の混乱は想定しにくい」という前提に立っているからであろう。

酪農は、規模拡大や革新的な技術の導入などを通じて構造改革をとげてきた農業分野である。今後さらに経営の淘汰を進めて生産性の高い酪農経営へのしぼりこみを図り、生乳生産量は減少し続けると想定されているようである。FTA（自由貿易協定）／EPA（経済連携協定）の締結によって乳製品の国境調整措置の緩和・撤廃が進み、乳価の下落、生乳生産の縮小、不足する乳製品の輸入拡大といったスパイラルの展開が見通されていると言ってもよい。

政府の市場介入廃止を明記した改正は、酪農政策の方向性の転換を強く印象づける。「強い産業」という観念に引きずられて、酪農政策は生乳市場の特性を踏まえない単純な競争政策へと舵を切ったことが確認される。だが、乳製品輸入の増減によって需給ギャップが調整され、国内の酪農生産が縮小のスパイラルに陥っても、さらに海外の乳製品との厳しい市場競争にさらされるようになっても、個別経営としては成長をとげる酪農経営へのしぼりこみで酪農は競争力のある産業へと発展するという考え方は幻想にすぎない。

②畜産物需給の安定

改正畜安法の目的を示す第一条には、加工原料乳補給金交付制度が組み入れられるとともに、「畜産物の需給の安定」という文言が加えられた。

この文言の追加をめぐって、さまざまな憶測がなされている。政府が「立ち入り検査」を盾に「報告義務」や「指導・助言」を行い、生乳需給に責任を持つようになったと評価する声がある。一方で、現行の指定団体制度がなくなり、生乳の流通・販売への協調体制が揺らぎ、競争が需給の安定をもたらすにちがいないという期待が明文化されたにとどまるという意見も聞かれる。

実態としては、政府は円滑な乳製品輸入に努めることで、乳製品需給の安定に寄与するという程度の意味であろう。すでに政府は乳製品輸入数量の判断時期の頻繁な見直し、輸入乳製品規格の多様化などを進めている。国家貿易による乳製品輸入・売り渡しの弾力化や輸入乳製品の流通調査などを通じて乳製品需給を安定させようというわけである。しかし、乳製品の間の需要代替性は複雑で、非乳業の流通業者の参入も多い乳製品市場を、乳製品輸入の運用で安定的に調整するのは容易ではない。乳製品輸入に軸足を置いた政策の危うさが見透かされる。

③補給金交付制度の恒久化

牛乳需要の拡大に応じて、加工原料乳地域が飲用原料乳の供給地域に転じるようになり、加工原料乳への補給金交付は必要なくなるので、不足払い法は暫定法として措置されたと説明される。畜安法に補給金交付制度が組み込まれることとなり、加工原料乳補給金制度は恒久的な法律に基づくものとなった。指定団体の継続とともに、政府が改正畜安法のポイントとして強調する点である。

もっとも、生乳のほとんどが牛乳や生クリームなどの液状乳製品に加工処理され、バターなどの乳製品用途に向けられる生乳がごくわずかな生乳市場はきわめて不安定であり、現実的ではない。生乳生産量や牛乳・液状乳製品の消費のわずかな変動によって、生乳需給は不足と過剰を繰り返す。不足払い法制定時には、こうした生乳市場の不安定性を考慮できず、政治的に暫定法としての成立が図られたと考えるべきであろう。生乳が加工向けに処理されることによる乳価下落の影響を軽減し、飲用向け販売への集中がもたらす乳価暴落を抑制する機能は、暫定的ですむものではない。不足払い法が暫定措置法であることが問題にされるべきだったのである。

5 「酪農制度改革」の評価と課題

「協調」から「競争」へ

以上みてきたように、改正畜安法は加工原料乳補給金の交付対象組織として指定されていた指定団体制度を廃止し、補給金交付対象者をブローカーや乳業メーカーとの直接取引や自家処理加工を行う生産者にも広げるとともに、農協等への生乳の部分委託販売を認める大きな制度改革となっている。図式的には、生乳市場の安定化と地域間の熾烈な生乳競争に歯止めをかけるための協調システムから、指定団体、ブローカー、酪農生産者・事業者の「個別競争システム」への転換であると言えよう。

しかし一方で、補給金交付を受ける事業者・団体や、農協等に生乳部分委託販売を行う酪農生産者・団体がどの程度現れるのかは、政省令や生産局長通知の運用しだいである。改正畜安法が施行されても、しばらくは様子見の状態が続き、大きな変化はないと考えられている。それは、今回の酪農制度改革が、改革の具体的な道筋を描いて段階的に目標に向かっていくのではなく、観念的な改革を先行させて実体的な変化を誘発しようとするものだからであろう。現実の課題を踏まえて改革するのではなく、「抜本的な改革そのもの」が目的になっている。政省令による「いいとこ取り」の取引を排除する要件の設定も、改革への反発を和らげるための当座の措置である可能性もある。

生乳過剰期とは異なり、不足基調のもとでは、生乳販売に特化した指定団体に期待される需給調整の余地は限られる。乳業への配乳削減率の格差を均したり、広域輸送される大型タンクローリーでの受乳が困難な中小乳業メーカーには地域内のクーラーステーションからの配乳を優先するといった調整を図る程度である。生産者の手取り乳代に影響が及ぶような調整機能とは言えない。さらに、酪農生産者の生産力格差が個別経営、地域の間でより広がれば、指定団体の協調的な需給調整への合意が得られなくなり、調整機能が脆弱化することも想定される。

指定団体の需給調整機能が低下すれば、「いいとこ取り」の要件は形骸化する。「個別競争システム」の酪農政策は生乳の不足基調の継続を前提としており、さらに「協調システム」を支えている指定団体制度や協同組合の不要論に結びついているのである。

改正畜安法による酪農制度改革の課題

以上を踏まえたうえで、改正畜安法による酪農制度改革の課題を指摘しておこう。

第一は、近年検討されてきた課題の先送りである。たとえば、自民党の指示を受けて指定団体などが検討してきた「酪農家の指定団体への直接加入」についての議論は頓挫してしまった。本来は、酪農家の指定団体への直接加入を念頭に置いて、指定団体を含めた県連・単協などの酪農生産組織のあり方が検討されることになっていた。酪農生産者組織間の業務受委託などによる組織合理化、地域格差が広がっている技術・営農支援活動などの業務の広域的な再編整備など、酪農家戸数の減少や経営規模の格差拡大に対応した生産者組織のあり方に関する議論が具体化するはずだった。そうした組織再編が進めば、新規参入者・新規就農者や経営規模・飼養方法などを大きく変更した酪農経営などに、単協・県連の枠を越えて広域的に酪農生産技術・営農指導を行い、生乳生産基盤の底上げを図ることも可能になる。

ところが、議論の前提となる指定団体が廃止されて、酪農経営にとって喫緊の課題である組織再編の検討は頓挫した。酪農生産者組織が自ら検討しなければならない重要な課題であるが、当面の課題である政省令の内容に関心は移ってしまったのである。

第二は、「いいとこ取り」の生乳取引の位置づけである。生乳流通における生産者の所得向上の源泉は、後にみるように生乳の付加価値向上が難しいことを踏まえると、流通経費の圧縮と生乳需給調整の「ただ乗り」ということになろう。

酪農生産者団体の組織再編が遅れて、組織の多段階制が残存している地域では、乳業メーカーとの直接取引やブローカーへの生乳販売による流通経費圧縮のメリットが顕在化する。飲用向け生乳の販売や生乳の自家処理・製造を行う生産者は、日々生じる生乳の需給ギャップを指定団体への委託販売で解消できれば、販売リスクが高い独自販売に安心して臨むことができる。余乳調整や広域的な生乳出荷調整に伴う経済的な経費を負担せずに、安定的に維持された乳価水準で生乳を販売できるメリットは大きい。「いいとこ取り」や「ただ乗り」の生乳取引による所得向上が改正畜安法の真骨頂なのだから、それを政省令で規制しようとしても自ずと限界がある。

第三は、指定団体、農協等の酪農生産者団体の疑心暗鬼が強まり、客観的な判断に基づく制度改革論議が妨げられることである。畜安法改正によって一部の酪農家などが「いいとこ取り」による生乳取引を広げれば、それを押しとどめることは難しい。とくに、部分委託の広がりへの不安は大きい。

生乳の部分委託販売は、酪農家と単協との生乳取引契約にとどまらず、単協と県連、県連と指定団体などとの生乳取引契約にも及ぶ。ミニプラントで牛乳・乳製品を製造する酪農家に部分委託販売を認める特例措置が、生乳取引一般に拡張されるわけである。乳業プラントを保有し、あるいは特定の乳業工場と固定的な取引関係を維持している県連・単協も、指定団体などと部分委託販売契約を結ぶことが可能になる。

酪農生産者や農協等、指定団体が疑心暗鬼になって、部分委託販売などの導入を水面下で抑止したり、心情的な軋轢を背景に強引に導入したりすれば、制度改革は無用な混乱を招くだけである。新たな指定団体としての「指定」認定、生乳の部分委託販売による独自販売の拡大などに踏み切るには、冷静で客観的な経営判断が求められる。日和見的に制度改革に同調しても、得られる経営成果は持続しないにちがいない。

第四は、サプライチェーンの視点に立った酪農制度改革の必要性である。政府の酪農制度改革には、サプライチェーン各段階の競争をとおして効率的な事業者に集約されていけば、全体の競争力が向上するという発想が支配的である。事業者間の連携によって付加価値を生み、サプライチェーン全体の持続的な発展を促すという考え方は希薄である。協同組合は既得権益を守るための馴れ合い組織であり、非効率な経済システムをつくり出すとみなされる。

指定団体は「農協組織」の生乳ブローカーであり、しかも生乳生産や乳業プラントとの連携が弱い。そこで、取り扱う生乳のロット拡大による流通合理化と広域的な流通調整を通じた乳価維持によって、ブローカーとしての機能を果たそうとしてきた。こうした流通機能のもとでは、生乳の付加価値向上は容易ではない。酪農生産者との連携による特徴のある生乳の生産・集荷、乳業メーカーと提携した処理加工・商品開発といったサプライチェーンを通じた取り組みでなければ、生乳や牛乳・乳製品のブランド化や付加価値向上は望めないからである(5)。

その意味では、指定団体の最大の課題はミルクサプライチェーンを断ち切ってしまっていることである。たとえば、酪農家が組合員として直接加入して酪農協化した指定団体が、地域内の農協などが保有する乳業プラントと連携して独自の牛乳・乳製品を製造し、生乳の付加価値を高めて、生産者の所得向上を実現するといったサプライチェーンは、どのように築けるのだろうか。少なくとも、酪農をサプライチェーンの構成メンバーとして位置づけ、乳業メーカーや小売業と結びつけていく視点が欠かせない。酪農制度・政策も、サプライチェーンを断ち切って事業者の競争を煽るのではなく、サプライチェーン全体の持続性や発展を重視する必要がある。

第五は、生乳流通制度をはじめとする酪農制度の中長期的な仕組みを再検討する契機を失いかねないことである。ＴＰＰや日欧ＥＰＡの大筋合意内容に示されるように、乳製品の国境調整措置が緩和される可能性がある。国内の酪農生産も縮小を続け、生乳不足基調が定着すれば、指定団体による生乳需給調整の余地は一層限られていく。生乳需給は価格による調整へシフトするようになり、乳価暴落を回避するために政府の乳製品市場介入制度も欠かせなくなろう。

それゆえ、ますます不安定になっていく生乳市場のもとで、酪農生産を持続させていく制度設計に向けた議論に踏み出す必要がある。なかでも、畜安法改正によって生乳の部分委託販売、「いいとこ取り」の生乳取引が拡大し、生乳需給調整、広域流通調整が指定団体にとって過重な負担として認識されるようになれば、不特定の事業者に等しく負担を求める価格による需給調整への移行が欠かせなくなる。さらに、それは連鎖的に、乳価変動リスクへの対応策や民間の乳製品流通在庫を含めた乳製品市場介入による最低価格保証の整備などを要請する。

改正畜安法の影響を批判的に検証し、これに代わる酪農制度の新たな視点を見いだしていく必要がある。「いいとこ取り」の議論を重ねて、見切り発車的に改革を断行すれば、酪農生産者などの不安と無力感を煽るだけである。国内酪農生産構造の変容、FTA／EPAの締結、国際乳製品価格の乱高下といった外的な市場環境の変化にも翻弄されない酪農制度を構築するためには、地域や経営規模、飼養方法などが多様な酪農生産の持続的発展が欠かせない。それは、単なる競争の促進、優勝劣敗による担い手のしぼりこみからは得られない。

6　方向性を見誤った「酪農制度改革」

酪農制度として指定団体が定着し、指定団体をとおして販売される生乳のシェアが九五％以上となり、その独占的な販売体制によって生乳市場の競争が有効に機能しなくなった。それが、生乳生産の伸び悩み、酪農生産基盤の脆弱化につながっていると、規制改革会議や政府はみなしている。だから、指定団体制度を廃止し、生乳販売事業者の参入を後押しすれば、生乳販売競争が刺激され、その結果、乳価が上昇すると主張する。

たしかに指定団体は、長い時間をかけて生乳の貯乳施設や検査機関の自主運営、集送乳の掌握・広域的な生乳流通調整を実現してきたが、その機能はまだ限られている。生乳販売シェアの高さは、指定団体が制度として定着した表れにすぎず、生乳市場で独占的な力を行使していることを示しているわけではない。指定団体の集乳シェアの高さは、その生乳販売面での弱さを部分的にカバーするにすぎない。

制度に支えられて酪農生産者からの集乳・販売を集約化したものの、指定団体が生乳販売での優位性を獲得することは難しい。集乳した生乳がすべて牛乳・乳製品に処理加工されていくためには、指定団体間の連携や乳業メーカーとの協調による安定的な生乳取引が欠かせない。それゆえ、指定団体は乳業メーカーとの信頼関係の維持に留意しながら、乳業メーカーとの交渉に当たってきた[6]。それは、指定団体が独占的な市場支配力を持ち得ない本来的な弱点に由来している。

政府には、指定団体の機能を拡充し、その弱点を改善して酪農生産基盤の強化を図るという発想はない。逆に、指定団体の集乳シェアが低下するように事業基盤を一層弱体化させようとする。酪農生産者の組織化による生乳市場調整やサプライチェーンの中での協調関係を築くのではなく、高乳価での販売を実現するための熾烈な競争に酪農の将来を託そうと政策の方向を転換しようとしている。

こうして酪農制度改革はその方向性を見誤ってしまった。一見、独占的な組織に見える指定団体の弱点とも言える特質を理解せずに、表層的な制度改革を断行したため、酪農生産者団体だけでなく、乳業メーカーや食品産業関係者からも違和感が表明されているのである。

指定団体は、農協組織としての出自が特殊であり、五〇年あまりをかけて組織や事業での弱点を克服するために、指定団体同士での協調や乳業メーカーとの連携をベースにして需給調整や乳価交渉などに対処してきた。それは特殊な農協の軌跡ではあるが、多くの農協、そして協同組合組織に存在する協同の意義と脆弱性を示唆している。

協同組合の事業目的を達成するための組合員の組織化は、同時に独占的な事業組織としての批判や組合員の自由を束縛する組織としての指弾を招く。市場の安定性を維持するための協同組合間の協調や連携行動は、消費者に不利益をもたらすカルテル行為とみなされることもある。協同組合はこうした相矛盾した評価に常にさらされることになる。

重要なのは両者のバランスであり、そのバランスに対する社会的評価への感受性であろう。少なくとも、政府＝規制改革会議による「形式的なイコールフッティング」や「選択の自由の確保」といった議論からは、協同組合の実態に即した評価や改革にはたどりつかない。

（1）清水池義治「畜安法改正で予想される影響と需給調整の今後」『畜産経営経済研究会シンポジウム資料』二〇一七年五月二〇日。

（2）むしろ補給金交付手続きが簡便になり、行政コストが軽減されることが評価されていると言うべきであろう。

（3）日本と同様に、飲用向け用途の生乳が多いスペインでも、穀物や野菜などとは異なり、生乳を取り扱う酪農協では全量委託販売を定款で規定している。部分委託販売を認めると、農協以外の出荷先に販売した残りの生乳が酪農協に集まる。その結果、集乳量は不安定になり、需要を上回る生乳がもっぱら酪農協に集中して共販事業が成立しないからである。

（４）海外では庭先乳価取引が一般的である。乳業メーカーが集乳経費を負担するので、乳業工場に近くて出荷乳量が多い大規模酪農生産者などとの取引が優先される。生乳取引契約数量の範囲内であれば、生乳の過不足は乳業メーカー間での生乳売買などによって乳業メーカーが調整する。

（５）指定団体が乳業メーカーに提案して商品化されたジャージー牛乳などのブランド牛乳は、売り上げの低迷を理由に乳業メーカーが製造中止を決定し、ジャージー種を導入した生産者の大きな損失を招いた。

（６）ある酪農関係者は、指定団体にはもとより価格交渉力はなく、乳業メーカーとともに構築してきた「価格形成力」を交渉力と誤解するようになっていると指摘している。これは、乳価交渉は指定団体も乳業メーカーが置かれている市場環境を理解して、相互の妥協点を模索する過程であり、「交渉」といった対決を想起させるものではないことを示唆する。

〈参考文献〉


畜産経営経済研究会「「不足払い法」成立から五〇年」『畜産経営経済研究』第一六号、二〇一七年。

「「改正畜安法」の法的枠組みを分析する①～④」『日刊酪農経済通信』二〇一七年三月二日号、三月三日号、三月六日号、三月七日号。

前田浩史「酪農乳業の課題と求められる取り組み」『フードシステム研究』第二三巻第二号、二〇一六年。

矢坂雅充「生乳取引・流通の現状と課題（上・中・下）」『月刊ＮＯＳＡＩ』二〇一六年八月号、九月号、一〇月号。

矢坂雅充「指定生乳生産者団体制度改革論の誤謬」『農村と都市をむすぶ』二〇一六年一一月号。

矢坂雅充「生乳流通問題とは何か」『農業と経済』二〇一六年九月号。

＊本章は、1および3～6を矢坂が執筆し、2および3の一部執筆と全体調整を高橋が行った。

第10章　地域における家族農業の重要性と協同性——中山間地域を中心に

相川陽一

1　農山村はなぜ存続してこられたのか

ある兼業農家の語りから

「『土地を荒らしたくない』という百姓の思いがあるから、採算の合わん米作りがようやく成り立っとる。そういう不合理のうえに日本の米ができとることを、まちの消費者に理解してほしい」

中国山地の一角に位置する島根県浜田市弥栄《やさか》町（旧那賀《なか》郡弥栄村）の小坂集落で農業を営む久《く》谷《たに》義美さん（一九五六年生まれ）の言葉だ。山がちな地域（行政用語で中山間地域と呼ぶ[1]）で農業を営む多くの農家に共通する思いではないだろうか。

日本列島の約六割を占める中山間地域（中間農業地域と山間農業地域）の総人口に占める居住人口の割合は一一・五％で、広大な地域に集落が点在する。農業集落の約半数は、この中山間地

表10－1　農業地域類型別の農業集落数

都市的地域	平地農業地域	中間農業地域	山間農業地域	計	
30,240	35,069	46,512	26,435	138,256	（戸）
21.9	25.4	33.6	19.1	100	（％）

（出典）2015年世界農林業センサス。

域に立地している（表10－1）。「平成の大合併」で自治体の範域が拡大し、ひとつの自治体内に都市的地域と中山間地域の両方が存在するケースも少なくない。農業産出額では、中山間地域が約四割を占める(2)。

地域特性に向き合った地道な共同の取り組み

小規模・分散型の農地・居住構造を持つ中山間地域、とりわけ中国山地では、複雑な地形や降雪の多い気候条件などから、一軒の農家が独力で農業のみによって生計を立てていくことは一般に難しい。かつては、稲作と山の資源を活用した、たたら製鉄（砂鉄を原料に、木炭を燃料にした製鉄法。近代以前に中国山地で盛んに営まれていた）や炭焼き、和牛飼育などを組み合わせた農林兼業の暮らしが主流だった。長い年月をかけて人びとがつくり上げてきた広葉樹の森は、「二次的自然」と呼ばれる。ナラやクヌギなどの広葉樹は、伐採後は一五～二〇年で再生し、再び活用できる自然資源であった。

しかし、高度経済成長の始まりにあたる一九五〇年代後半に薪炭や石炭から石油への燃料革命が起きる。薪炭需要は急速に減少し、人口は都市へ急激に流出した。薪炭生産による収入に替わる冬期の収入源として、出稼ぎを行わざるを得なくなった。いわゆる「三ちゃん農業」である。続く木材の輸入自由化によって、山を活用する産業はさらに衰退していく。その後、一九八〇年代までは椎茸が主力の商品作物だったが、燃料費の高騰や円高による輸入増によって打撃を受けた。いまの中国山地では、稲作を守りながら、プラス・アルファとなりうる作物を田畑や山で探し求める動きが続いている。多くの住民が農業を営んでいるが、農業のみで生計を立てる農家は少ない。大半は農外収入を得ながら、兼業農業や自給農の営みを続けている。

弥栄町の兼業農家や自給農家の主な就業先は、町内であれば市役所支所（旧村役場）、農協、郵便局、福祉施設、味噌などの加工品と生鮮野菜を都市部に出荷する農産加工会社などである。町内では正規雇用の機会は少ないものの、季節雇用やアルバイトの機会はある。春は農協の育苗センター、秋の稲刈り時期には農協や集落の生産組合が運営するライスセンター、冬は農産加工会社での就労である。町外であれば、車で約三〇分の浜田市街地への通勤者が多い。

小さな農家は、農外収入も含めた複数の収入源を持ち、何とか家計を維持しながら、農地を守るために、家々と集落でさまざまな知恵をしぼっている。弥栄町に限らず、中山間地域の農家は、その時々の農林業政策や農林産物の自由化路線に翻弄されるなかで、家々と集落を守るための生存戦略に力を尽くしてきた。

すべての農家がそうであるとまでは言わないが、家と集落を存続させていこうとする人びとが少なくない。彼らは家族や集落、そして都市に出た子どもたちや孫たちへのはたらきかけを試みてきた。役場も、山がちな地域特性をマイナス条件としてのみ捉えてはいない。地勢に合った暮らし方を住民とともに考え、さまざまな制度を創設して、地域の条件に向き合った将来ビジョンを描き、農家と集落を存続させていこうとしている。

本章では、過疎化が進行した中国山地のいくつかの村(旧村)で、小さな農家が能動的につくりあげてきた、支え合って生きるヨコに広がる共同の仕組みを紹介していく。それをとおして、中山間地域の存続のために、家族農業を基礎単位とした地域内での支え合いの仕組みづくりが、各地に合ったビジョンと方法によって行われていくことの重要性と、そのつながりこそが農協組織の基盤になっていることを示していきたい。

2 集落の協同活動と複数の仕事――旧弥栄村小坂集落の事例から

浜田市弥栄町という地域

島根県西部の石見《いわみ》地方には、標高一〇〇〇メートル未満の低山が広島県北部から島根県にかけて、ひだのように連なる。浜田市弥栄町(旧弥栄村、以下「弥栄」という)は、その一角に位置し、標高一〇〇~五〇〇メートル程度の間に、集落や農地が点在している(図10-1)。山上にはなだらかな地形も多く、主な農産物は米である。

国勢調査データで村の総人口が確認できる一九二〇年から一九六〇年にかけて、総人口は約五〇〇〇人で推移し、冬場の炭焼きと夏場の稲作で生計を立てる暮らしが一般的だった。山と

図10－1　旧弥栄村と旧柿木村の位置

(注)(　)内が合併前の市町村名。
(出典)島根県市町村課。

清水を活用したワサビ栽培や山菜採りなども営まれ、榊などの花木も含めて、さまざまな産品を生産し、採集する生活が営まれていた。

薪炭は日々の生活に必要な煮炊きの燃料や暖を取るエネルギー源として、大都市圏に多くの需要があり、『島根の木炭産業史』によると、島根県産の木炭は多くが首都圏に出荷されていた。だが、燃料革命の影響で都市の薪炭需要は急減していく。さらに、一九六三(昭和三八)年の「三八豪雪」も重なり、一九六〇年から一九六五年にかけて弥栄の総人口は約三〇％も減少。一家丸ごと都市に流出する挙家離村が続出し、石見地方や弥栄は過疎化を象徴する地域の一つとなった。

筆者は、島根県中山間地域研究センター(県組織)の常駐研究員として、中山間地域(とりわけ中国山地)の地域特性に合わせた農林業のあり方やU・Iターン促進の手法を地域に暮らす人びとともに考え、試行していくことを職務として、二〇〇九～二〇一三年にかけて弥栄に住み込んだ経験を持つ。本節は、主にその折に得た知識や経験をもとに記している。

小坂集落の活気――農業の共同化と農家の自立

燃料革命に伴う過疎化が始まってから半世紀あまり、「平成の大合併」によって浜田市弥栄自治区となった弥栄の総人口は、二〇一五年時点で一三四三名に減った[3]。だが、小坂集落には活気がある。小坂集落は弥栄の北東に位置し、なだらかな地形を持つ。弥栄の中心地にあたる浜田市弥栄支所(旧弥栄村役場)からは、二・五キロ離れている。二〇一五年時点の総世帯数は四七世帯、総人口は一〇三名、高齢化率は四六・六％だ(国勢調査より)。

集落の農地を維持し続けていくために、集落住民によって一九九四年に小坂農業生産組合が結成された。現在は一七名の集落住民が運営に携わり、農地や農業機械(トラクター、田植機、コンバイン、乾燥機など)を共有して、二二haの水田を管理している。集落内に米の乾燥や籾摺りなどが可能な施設も整備した。

高齢化が進んでいるため、隣り合ういくつかの集落にもトラクターやコンバインを運搬車で運び、田起こし、田植え、稲刈り、機械が必要な作業を請け負っている。二〇一〇年からは農薬や化学肥料を減らしたエコロジー栽培に取り組んできた。苗・肥料・薬剤の一括購入、集落内での栽培方法の統一、栽培方法の研究を通じた作業方法の見直しによる作業の効率化などの工夫により、集落内外の水田の守り手となっている。

稲作に使用する農業機械は高額で、一戸の農家が新品で一通りそろえると一〇〇〇万円を軽く超えてしまう。中山間地域に限らず、平地農業地域でも、農業収益から機械の更新費用を捻出することは容易ではない。兼業農家が農外就労で得た収入を農業機械に投入することも珍しくはない。しかし、一戸の農家が農業収益の拡大を目指して規模拡大を図ろうとしても、中国山地は高低差がある複雑な地形のため、大型機械の性能を十分には発揮できない場合がある。高価な大型機械を導入して大面積を耕作すると、かえって収益性を低下させるおそれもある。

小坂農業生産組合が重視するのは、農業機械の共同化や農作業の共同化を進める際に、一戸一戸の農家の自主性と自立性を保つことだ。組合員の一人である小松原峰雄さん（一九四六年生まれ）は、筆者と集落や村の将来を語り合うとき、いつも「昔から小坂には米の専業農家はありません」と話していた。集落の状況を悲観して言うのではない。

（筆者のように）平場農村に育った者や非農家出身者は、農家イコール専業農家という発想が先行することがある。だが、中山間地域（中国山地）では、高度経済成長期以前から兼業農家が地域を維持する重要な役割を担ってきた。地域で歴史的に形づくられてきた社会・経済的条件に適した暮らし方は、兼業農家である。[4] 地元の人にとっては自明のことを、域外から移住してきた筆者に、小松原さんは言語化して教えてくれたのである。

高齢の年金のみで暮らす世帯を除けば、小坂集落の多くの世帯は、農外収入が主の第二種兼業農家である。小規模農家が農業を継続するために最低限必要な農業収益を得る共同の取り組みとして、小坂農業生産組合がある。小松原さんは、この組合の特徴を表現するときに、こう語った。

「寝たきりのおばあちゃんでも、一戸の農家として扱って、私らは農作業を請け負っている」「(田んぼの)水見回りや草刈りのように、一戸一戸ができる仕事はそれぞれが続けていき、できないところは組合がカバーする」

農業の共同化は、家族農業を基礎単位とした小規模農家が多数を占める中山間地域で、一戸ごとに買いそろえれば高額になる農業機械を共有し、農業を継続させていくためには必要なことだが、それが個々の農家の仕事や誇りを奪う活動であってはならない、という信念である。水田農業には、長い時間をかけて継承してきた田んぼ一枚一枚の特徴を踏まえた水管理や作業の仕方があり、共同化とは個々の農家の暮らしが充実するためのものである、というのが小松原さんの考えだ。

中山間地域では、集落を構成する家々のつながりを強化し、集落を維持していくために、中山間地域等直接支払制度が運用されている。二〇〇〇年度に開始され、一期五年で、二〇一五年度から第四期に入った。農地の傾斜度などの立地条件や作物の種類などによって、面積あたりの交付単価が設定されており、農家は集落などの小地域単位で協定を結んで直接支払いを受ける。交付額の半分を支払いの受け皿となる組織で活用していくことが推奨されている。そのほか、有機農業、堆肥の施用、カバークロップなどに取り組む営農活動を対象とした環境保全型農業直接支払交付金などの直接支払制度がある。

小坂集落では、中山間地域等直接支払制度を積極的に活用しており、毎年の交付金総額約四〇〇万円のうち、半額を集落で積み立て、残りを面積割で各世帯に交付している。積立金は集落の集会所の新設費用に充てるなど、公益的活動に活用している。自治会長も経験した小松原さんは、こうした活動は自然体で続いてきたと言う。

「いっそ(まったく)もらわんでも、みな草刈りはするんだけえ、半分は積み立てようということにしたんよ」

若者の就農や移住

最近では、若者の就農や移住によって、農業を引き継ぐ動きがみられる。二〇〇七年から、小松原峰雄さんの甥にあたる小松原修さん(一九八二年生まれ)が浜田市中心部での勤め仕事から転職して新規就農。小松菜やほうれん草のハウス栽培を行う小松ファームを設立した。そして、浜田市内外の先輩農家が結成した「いわみ地方有機野菜の会」の一員となり、有機ＪＡＳ認証を取得して、県を超えて日本各地に野菜を販売している。小松ファームの主力メンバーは、修さん・奈美さん夫妻と両親の四人だ。家族全員が農業に従事し、集落の高齢者や浜田市・島根県の農業研修を終えて就農したばかりの若手農家などを雇用している。

島根県では、兼業農業の希望者も農業研修制度の対象とするようになった。農業に携わりながら個々人に合った仕事を組み合わせて生きていく「半農半X」を県として推進し、小松ファームを兼業先として生計を営む新規就農者(島根県外からの移住者)もいる。小松ファームは、高齢者にとっては年金プラス・アルファの収入を得られる場であり、若手農家にとっては独り立ちするための栽培方法を学びながら定期収入を得るための場や兼業農家として生きていくうえで副収入を得る貴重な雇用の場である。こうして、専業農家と兼業農家や自給農家が互いを必要とする関係が形成されてきた。

二〇一〇年に弥栄の若手農家の座談会を開催した折に、修さんは「まずは自分の家が幸せになることが第一で、二番目に集落、三番目に弥栄って感じで、どんどん輪が広がればいいかなって目標を持ってます」と語った。弥栄に限らず、中山間地域では、高齢化の進行によって働き手となりうる高齢者も減少傾向にある。近年、集落を超えて若手農家が小松ファームに集い始めており、修さんの目標は徐々に実現しつつある。

集落を基礎単位とした農業の共同化は、島根県が他都道府県に先駆けて進めてきた施策である。一九六一年の農業基本法の制定以来、農業の機械化は加速化し、農山村は農業機械や農業資材の市場となった。多くの農家が兼業所得を農業機械に投入していくなかで、島根県は全国的にみても早く一九七五年から、集落を基礎単位とした農業の共同化を進める「新島根方式」と呼ばれる施策を実施してきた。現在、この施策は地域貢献型集落営農施策に継承されている。

　集落営農と言っても、国が定める農業の担い手として、規模拡大によるスケールメリットの発揮や農作業の効率化によって農業の競争力を強化する方向のみではない。集落を維持するための公益的活動も含めた、多角的な活動を支援する施策である。

　たとえば島根県内には、農業機械の共同利用や農地の共同化のみならず、高齢者を対象とした福祉輸送業などの農外事業を多角的に展開する事例や、U・Iターン就農者の受け入れを行う事例がある。(5) 小坂集落は、浜田市街地に立地する島根県立大学の学生を農業体験などで受け入れてきた。二〇一〇年には、同大卒業生の若者が集落に移り住み、小坂農業生産組合のメンバーとなって、農業機械のオペレーターとして活躍している。

集落や家が存続し得た根拠をさぐる

「中山間地域の農業・農村を存続させてきた要因はどこにあるのか。中山間地域の農業・農村を存続させてきた要因は農業の収益性や採算性ではなく、この集落に生きていくという民衆の精神がなせる業ではないのか。集落や村や家の存続には、収益性のある農業をいかに成立させるかという発想だけでなく、人びとが自然体で大切にしてきた家族や集落のための農業を守る発想が必要ではないか」

弥栄に暮らしながら、山村に根差した持続可能な地域のあり方を探求する参加型調査に携わるなかで、筆者はこのような問いを持つようになった。

農村社会学では、過疎化が進行してもなぜ人びとはその地に暮らし続けるのか、そしてなぜ人びとは農山村に帰郷し、あるいは移住してくるのかと問う研究が展開されている。生活農業論を提唱する徳野貞雄は、集落の存続を考えるときにもっとも大事なことは、中核兼業農家を集落のなかにつくることだと言う。

「中核兼業農家とは、多世代同居型世帯でも核家族型世帯でもよいが、三〇代から五〇代の夫婦者＋子ども（老親がいてもよい）から形成された世帯で、農業は勤めを持ちながらの兼業農家でもよい。集落の中核的役割を果たせる人がいる世帯である」

その根底にあるのは「兼業農家が現代社会においてもっとも豊かで安定した階層だからだ。収入が多いということだけではなくて、生活全体の充足度が高く安定しているのである。すなわち、集落や農山村の基幹的住民層を形成しているからである」という発想だ。

二〇一一年に筆者らが弥栄の全世帯に質問紙調査を行ったところ、数aや一a未満規模のごく小規模の農家が層として存在し、自給分も含めた栽培作物や加工品の種類が計二四〇種類にものぼることが判明した。同居家族や他出した家族のために自家消費分の農産物を栽培する層も含めて、小規模な農家が地域の基層的農業者である。

小経営生産様式としての日本農業

本章の冒頭で紹介した久谷義美さんは、日ごろは浜田市街地にある機械製造会社で働きながら、小坂農業生産組合の組合長として、小坂集落内外の水田を管理している。鉄鋼関連の仕事だから、農業機械が壊れたときの修理を頼まれることも多い。農繁期は、機械のオペレーターと修理に忙しい。お子さんは浜田市内に住んでおり、祭などの集落行事には親子で参加している。近隣都市に出かけて賃労働で定収入を得ながら、兼業で農林業に携わる暮らしは、弥栄の若手から中堅世代の住民では一般的である。

小松原峰雄さんは、宮大工として神社から家屋まで島根県内各地で建築物を建ててきた、木造建築のプロである。宮大工の仕事は、森に入って木を選ぶところから始まる。森を育てる活動にも積極的で、「森の聞き書き甲子園」の語り手に選ばれたこともある。宮大工として活躍しながら、合間に小坂農業生産組合員として水田を管理し、弥栄産の米を取り扱う販売会社も知人と共同経営している。

二人に共通するのは、複数の所得源を持ち、家族も農業と農業以外の仕事を兼業していることだ。小坂集落には、若手の専業農家と中高年の多くの兼業農家が存在する。若手の専業農家は同居家族による経営を主軸としながらも、経営を成立させるためには家族労働力のほかに、集落内外から通ってくる働き手を必要とする。両者は共存関係や互恵関係とも言える社会関係を形成している。

小規模な家族農業や自給農業は、多くが政策支援の対象からはずされてきた。しかし、世界規模でみても、日本社会というレベルでみても、多くの農業者は家族を基礎単位として農業を営んでいる。とくに、日本の稲作農家は一ha未満の兼業層が多数を占める。

中山間地域等直接支払などの直接支払制度は、国家による税の再分配の仕組みの中に中山間地域の存在意義を認め、社会全体として中山間地域を維持していこうという政策である。だが、自由貿易を推進し、農地集約や大規模化を「強い農業」として推進する農業政策において、中山間地域の家族農業の実践者は、直接支払制度などを除いて政策支援の対象外となっている。日本農業の実像を踏まえたうえで、地域社会の維持存続の観点から、この点を是正していく必要がある。

農業経済学者の玉真之介は、日本農業の特質を小経営生産様式という観点から捉えることが適切であると述べる。小経営生産様式とは、農家の農業所得だけでなく、兼業所得、自給食料、年金、地代などを合算して営まれる暮らしを把握するために考案された概念である。玉は、農業経済学において農業所得は複数あり得る所得源の一つにすぎないとの認識が十分ではなかったと述べたうえで、以下のように指摘する。

「専業農家を兼業農家に優越させる発想によって、他の所得源を否定的に見る傾向が研究者にも政策担当者にもあった。これは、「生産」や「経営」に対して「世帯」概念が軽視されてきた結果である。世帯の生活安定や向上を考えれば、専業農家が兼業農家に優越するとは決して言えない」

小経営生産様式の概念は、中山間地域の多くの農家に当てはまる。それは、地域特性に向き合った農業振興策を構想する際に、小規模農家や兼業農家を対象に収めることの社会的な意義を考えるうえで、示唆に富むものである。

3　山村における健康と有機農業の村づくり――旧柿木村の取り組み

高津川の源流がある「健康と有機農業」の村

次に、中山間地域において小さな農家が互いに支え合う取り組みに農業協同組合が参画し、地域条件に沿った農業振興を進めている事例を紹介したい。弥栄から車で一時間ほど西進したところに位置する鹿足《かのあし》郡吉賀《よしか》町柿木村である。吉賀町は島根・山口・広島三県の県境に位置し、柿木村と六日市町が合併して成立した自治体である（二四九ページ図10－1）。町内にはダムのない一級河川・高津川の水源があり、日本海に注ぐ清流ではアユ釣りが盛んである。

柿木村では、中山間地域の地勢に適した自給的な農業に取り組む住民活動が、若い農業後継者を中心に一九七五年ごろから開始された。一九八〇年には山口県岩国市の消費者グループとの出会いがあり、一〇月に村の農協婦人部が呼応して柿木村有機農業研究会が発足し、都市部への有機農産物の供給を始めた。この活動が地域で認められ、一九九一年には「健康と有機農業の里づくり」が柿木村の総合振興計画に盛りまれる。長年にわたり、村ぐるみで自給をベースとした有機農業を進めてきたと言ってよい。

柿木村の有機農業を担う基礎単位は家族である。まず同居家族の自家消費（自給）や他出子らへの贈与（おすそ分け）があり、その延長線上に消費者の食卓がある。柿木村有機農業研究会をはじめとした村内の生産者は、自給やおすそ分けを主目的に生産された農産物の余剰分を、「健康と有機農業の里」を掲げる村内の「道の駅かきのきむら」（一九九七年設立）や、村が広島県廿《はつ》日市《かいち》市に出店したアンテナショップ「産直市場かきのきむら」（二〇〇三年設立）に出荷し、村内外の経済循環を進めてきた。

都市との交流は、岩国市や廿日市市にとどまらない。周南市（旧徳山市）、島根県益田市、福岡市を中心にした地域生協と提携関係を構築し、自給をベースとした有機農業に取り組みながら、大都市圏からの所得移転も試みてきた（提携とは、一九七〇年代以降の有機農業運動の中で生み出された用語で、生産者と消費者の人格的な信頼関係に基づいた有機農産物の販売活動を言う）。また、柿木村有機農業研究会は村内の学校給食に米や野菜、卵や味噌などを供給してきた。

こうした取り組みが広がったのは、柿木村役場に勤めながら自給農を営んできた福原圧史《あつし》さん（元・吉賀町企画課長、現・島根有機農業協会理事長、一九四九年生まれ）の公私両面にわたる粘り強いはたらきかけと実践である。福原さんは、「有機農業は自給運動」と考えてきた。村では現金収入こそ少ないが、食べるものは田畑や山にたくさんある。そして、自分の食べるものを自分で作る暮らしをすると村を中心に世界が見えるようになるという発想で、自給的有機農業を広めてきたという。

二〇〇五年の町村合併から一〇年以上が経った現在では、旧村単位での「小さな自治」を改めて評価し、有機農業の推進を図ろうとする活動が活発になってきた。二〇一四年には「食と農・かきのきむら企業組合」が設立され、福原さんは理事を務めている(6)。

「健康と有機農業」を掲げる道の駅「かきのきむら」

吉賀町役場柿木支所(旧柿木村役場)の近くには、道の駅「かきのきむら」がある。正面入口に掲げられているのは、「R1　農薬を使わないお米」「V1　農薬を使わない野菜」という看板だ。これらは、旧柿木村時代に村が創設した独自の有機農産物の基準である。店内には表示基準表が掲げられ、村内生産者が出荷した野菜や加工品がたくさん並んでいる。塩や醤油などは海水や有機農業で作られた原料で製造された製品を選び、良質の調味料は県外からも仕入れる。

この道の駅を経営する株式会社エポックかきのきむらは、官民の共同出資によって設立された第三セクターである(エポックとは英語で「新時代」や「画期」を意味する)。旧柿木村が村内に安全な食べ物が購入できる拠点を設ける際に、西いわみ農業協同組合や地域の商工会などに呼びかけて設立した(西いわみ農協は二〇一五年に他の農協とともに島根県農業協同組合(全県一JA)となり、現在はＪＡしまね西いわみ地区本部）。その端緒は、一九八〇年代に当時の柿木村農業協同組合が設置した安全食品の購買コーナーである。当時を振り返って、福原さんはこう語る。

「小さな村の農協ですが、購買課が組合員さんと相談して、安全食品コーナーをつくりました。塩とか砂糖とか（を取り扱いました）。塩もそのころの主流は食塩だったのです。食塩は九九・九％が塩化ナトリウムですから、（正確には）塩ではない。本来のにがりのある塩をみんなで使おうと。あるいは精白していない砂糖を（販売しました）。食品添加物が入っていないマヨネーズとかも入れて、村中の農家が農協へ行けば買えるようにしました。

農協はそれをうまく利用してくれて、月一回、回覧で回して注文を取る。予約販売みたいなものです。注文が来ただけメーカーに注文すれば、農協の赤字にはなりません。それをずっとやりました。

いまは（村の人たちは）村の道の駅に行きます。村の道の駅には合成食品添加物の入ったものは置いていない。村の人の健康だけではなく、そこに来られるお客さんの健康、消費者の健康も一緒に考えないといけない。自分の健康だけではいけませんので(7)」

中山間地域農業の方向性を明確にする

「健康と有機農業の里」というスローガンは、旧柿木村から吉賀町に引き継がれた。そして、同居家族や他出家族のために田畑を耕しながら、自給農業の余剰野菜などを村内の道の駅や山陽方面の都市圏に出荷する人びとのなかに、近年はIターン者が増えている。遠く関東から移住して、兼業農家や自給農を営み、暮らしの一部としての有機農業を志向する若者たちが集い始めているのだ。弥栄の若手Iターン農家とも交流しており、両地域の若手農家が音楽イベントなどで共演することもある。

福原さんは、吉賀町役場を定年退職後も、農業を続けながら、自給農と有機農業を基盤に、山間地農業に立地する(旧)町村がいかに連携して、自給活動や都市への販売活動を広げていくかに、地道に取り組んでいる。中山間地域の農業の方向性を聞いてみた。

「できるだけ農地を集積しない。柿木村のような山間地の集落は、一〇戸の農家が五反百姓で維持している。それをまとめて誰かに預けますと、たちまち集落は崩壊するんです。集落が成り立ちません。みんなで五反を守って、それ以外は山の仕事。椎茸を作ったり、ワサビを作ったり、いろんな仕事を探して集落を維持する。できるだけ大規模農家を目指さない。当然、借金はしない。農業ほど借金があてにならないものはないわけです。天候がどうなるかわからない。いつどんな輸入農産物がドンと入るかわからない。そういうところに借金をしたら大変なことになります。借金をしない暮らしを目指してやっているところです。

若い人は若い人、高齢者は高齢者、加工したい人は加工グループで、味噌や餅やいろんなものに加工しています。そういうグループをつくって、それぞれが消費者組織とか、いろんなところと提携して供給できる仕組みにしているんです。できるだけ生産組織をまとめない」

図10－2　吉賀町の有機農産物の生産組織と流通体系

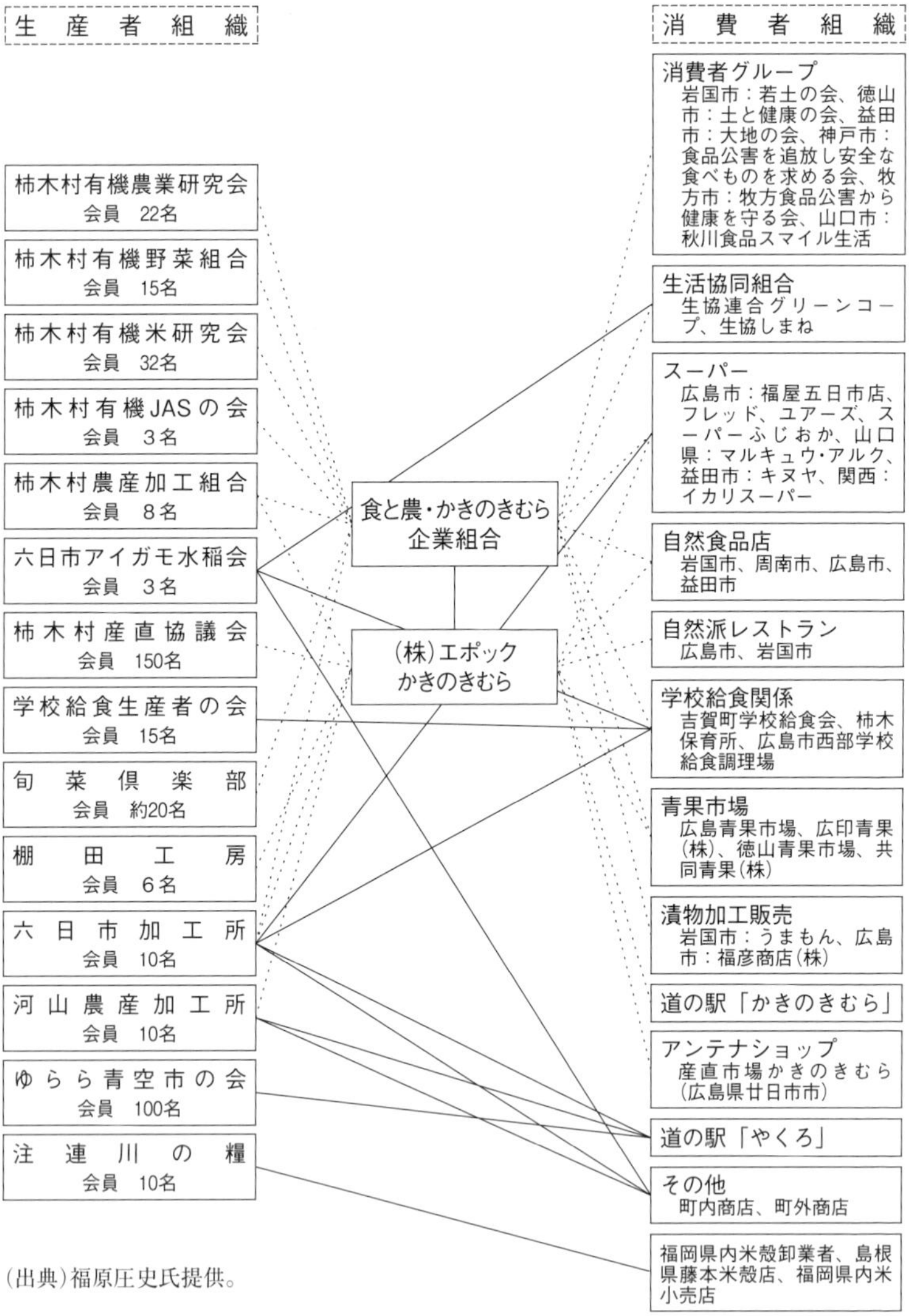
生　産　者　組　織
消　費　者　組　織
柿木村有機農業研究会
会員　22名
柿木村有機野菜組合
会員　15名
柿木村有機米研究会
会員　32名
柿木村有機JASの会
会員　3名
柿木村農産加工組合
会員　8名
六日市アイガモ水稲会
会員　3名
柿木村産直協議会
会員　150名
学校給食生産者の会
会員　15名
旬　菜　倶　楽　部
会員　約20名
棚　田　工　房
会員　6名
六　日　市　加　工　所
会員　10名
河　山　農　産　加　工　所
会員　10名
ゆ　ら　ら　青　空　市　の　会
会員　100名
注　連　川　の　糧
会員　10名
食と農・かきのきむら
企業組合
(株)エポック
かきのきむら
消費者グループ
岩国市：若土の会、徳山市：土と健康の会、益田市：大地の会、神戸市：食品公害を追放し安全な食べものを求める会、牧方市：牧方食品公害から健康を守る会、山口市：秋川食品スマイル生活
生活協同組合
生協連合グリーンコープ、生協しまね
スーパー
広島市：福屋五日市店、フレッド、ユアーズ、スーパーふじおか、山口県：マルキュウ・アルク、益田市：キヌヤ、関西：イカリスーパー
自然食品店
岩国市、周南市、広島市、益田市
自然派レストラン
広島市、岩国市
学校給食関係
吉賀町学校給食会、柿木保育所、広島市西部学校給食調理場
青果市場
広島青果市場、広印青果(株)、徳山青果市場、共同青果(株)
漬物加工販売
岩国市：うまもん、広島市：福彦商店(株)
道の駅「かきのきむら」
アンテナショップ
産直市場かきのきむら(広島県廿日市市)
道の駅「やくろ」
その他
町内商店、町外商店
福岡県内米殻卸業者、島根県藤本米殻店、福岡県内米小売店

(出典)福原庄史氏提供。

吉賀町内の有機農業生産者組織と流通先とのつながりは、網の目のように複雑である（図10−2）。行政組織は生産者の小規模・分散状態を嫌い、スケールメリットの追求、生産工程や産品の均質化、モノカルチャー化を意図して生産者組織をまとめる傾向にある。だが、集落や社会的属性やさまざまな経緯によって成立した小集団を統合すれば、自発性が失われていくリスクがある。

販売先が小規模・分散化しており、生産者や仲介者と消費者の間に人格的な信頼関係が形成されている場合は、生産者も小規模・分散状態を維持したほうが持続可能性は担保される。食と農・かきのきむら企業組合と株式会社エポックは、小規模生産者と都市の消費者をつなぐ役割を担っていることにも注目したい。

4　中山間地域を支える共同の取り組みの社会的意義

中山間地域の多くの農家にとって、農業は所得獲得の手段の一つだが、すべてではない。経営合理性を高めようとして農地集積を進めれば、集落内の農家戸数が減少し、集落維持に支障をきたす。高齢者の社会的役割が失われるリスクもある。弥栄の小坂農業生産組合の事例でみたように、高価な農業機械は集落単位で共有し、水管理や除草などの日常作業は各家が可能な範囲で担当し、難しい場合は組合がサポートする仕組みには、学ぶところが多い。各家の自主性と自立性を尊重しながら、短期的な儲けよりも、長期的な集落の水田の維持自体を目的に設定し、活動するところに、農家や集落(むら)の力強さと粘り強さがうかがえる。

過疎化によって集落世帯員は減少しても、家族は農山村と地方都市に空間を超えて存在し、互いにサポートしあっているという徳野貞雄らの調査結果もある。行政機関や農業協同組合などの公的組織は、世帯数や高齢化率などの外形的な数字だけを見て集落の状態を判断してはならない。他出家族による定期帰郷や水田作業のサポート状況なども調査したうえで、必要な支援を考案していく能動的な姿勢が必要である。

旧柿木村の事例からは、中山間地域農業の担い手として、家族労働力をベースに、自家消費や他出家族への贈与を目的として、米ぬかや広葉樹の落ち葉などの地域資源を活用して営まれる小農的有機農業の可能性が示唆された。その生産物を地域内外に出荷する際に、道の駅かきのきむらを運営する株式会社エポックは、小規模な生産者と消費者をつなぎ合わせる役割を果たしている。

中山間地域農業の目指すべき方向性とは、規模拡大や農地集積よりも、家族農業をベースにした自給農や兼業農業の継承にあり、集落戸数を減らさないための取り組みが中心になるという力強い主張が、旧柿木村の三〇年以上にわたる地道な取り組みから生まれている。福原さんは、有機農業のなかにも多様な取り組みがあることを前提に、次のように語る。

「Iターンの人にはとくに、有機農業を目指す人、自然農を目指す人、不耕起で作ってみたい人、いろんな人がいます。どれが将来役に立つかはわかりません。燃料がなくなれば、不耕起を目指す人が本当に不耕起栽培で米も野菜も作るかもしれません。多様な農業の方法がありますから、お互いに連携しながら、多様な農業を認め合えるような農業にしていきたい」

農産物の自由化や減反政策の廃止をはじめ、行政機関も農家も、目前の情勢変化への対応に多くの力が割かれる状況だ。しかし、地域の特性に見合った農業振興のあり方を構想し、地道に実践し、中長期的な見通しをもって多様な農業者を受けとめていく姿勢が必要であることを、柿木村の取り組みは私たちに教えてくれる。

5　小さな農業を活かす小さな自治を目指して

本章の結びに、兼業や自給をベースにした農業を営む人びとが多数を占める中山間地域で農協が果たす役割について、自治の空間スケールの観点から付言したい。

かつて農協は、「昭和の大合併」前後の自治体と同じ範囲をカバーしていた。その後、都府県では数度にわたる合併を経て、農協のカバーする空間範囲は拡大し、いまや一県一農協まで誕生している。広域化した農協の管轄範囲は、自治体（市町村）範域との間にずれを生じさせてきた。町村役場と農協が足並みをそろえにくい状況が生まれてきたとも言える（先に述べたように、島根県では二〇一五年に全県レベルの島根県農業協同組合が発足した）。

近年では自治体も広域化している。一九九〇年代後半から二〇〇〇年代前半にかけて進行した「平成の大合併」によって、特性が異なる地域が一つの行政単位に再編された。合併前の自治体の人口の多寡によって合併後の勢力関係が規定され、周辺部や小規模地域の自立性が危ぶまれる状況もある。

「農協や自治体が小さかったころは、村役場が農協と一緒に地域の農業を考える姿勢があった。だが、農協も自治体も、合併すると地域から離れていく。大きくなった農協は、県レベルで考えて動くことはできても、小さな地域を考えた動きは弱まるのでは」(福原さん)

たとえば、柿木村農協当時は本所だった拠点は、支所となった。地元出身職員が人事異動などもあって地元で働くことができなくなり、地元に根差した感覚で営農指導や生活指導ができなくなっている。このような問題点を踏まえたうえで福原さんは、こう指摘する。

「農協が合併しても、地元をよく知る職員が地元で働くことができ、地域の農業問題を考えていくことができる態勢が必要では」(8)

しかし、県域合併したとはいえ、いまも農協が地域でヨコに広がるつながり(紐帯)、すなわち「共同の仕組み」に支えられていることは、いうまでもない。これまで本書で論じられてきたように、農産物の各作目部会を基礎にした共販事業や直売事業はもとより、信用事業・共済事業を進めるうえでも、組織を支える組合員の非営利的な取り組みがなくなれば、農協のすべての事業が、そして組織自体が成立しえないからである。

逆に言えば、この「地域性と非営利性の紐帯に依拠した仕組み」を農協が完全に喪失したとき、すなわち、規制改革会議らの進めるような信用・共済事業の分離や代理店化、各連合会の「株式会社化」などが完成したとき、農協は完全に地域から離れると言えよう[9]。そして、そのことは、中山間地域など厳しい環境にある農村に対し、決して問題が少ないとは言えない県域合併より、はるかに大きく致命的なダメージを与えることになろう。

農協や町村役場の職員は、職場において職能的な力を発揮する主体であると同時に、その地域で定住する生活主体としても捉えられる。その地で食料品や日用品を購入し、子どもを学校に通わせ、消防団で活動し、床屋に行き、集落や学校区の運営に関わり、さまざまな祭礼や行事に参加する。こうした日常的な活動が、地域社会を成立させている。大都市圏に比べて雇用機会が少なく、高齢化と人口減少が進行する中山間地域では、農協職員や自治体職員は定住者としても地域社会を支えているのだ。

農協をはじめ地域の関連企業で働く人びとが持つ多面的な役割に着眼し、中山間地域の社会的共同生活の基盤を支える主体としての農協職員や自治体職員の社会的な役割を明らかにしていくためには、農山村、協同組合、地方自治などの領域横断的な研究が今後必要になるだろう。

（1）「世界農林業センサス」における農業地域類型の定義は以下のとおりである。定義の決定順は、都市的地域→平地農業地域→中間農業地域→山間農業地域となっている。中間農業地域は、①耕地率二〇%未満で、都市的地域および山間農業地域以外の旧市区町村または市町村。②耕地率二〇%以上で、都市的地域および平地農業地域以外の旧市区町村または市町村。山間農業地域は、林野率八〇%以上かつ耕地率一〇%未満の旧市区町村または市町村(『二〇一五年農林業センサス第七巻　農山村地域調査報告書』より「利用者のために」(http://www.e-stat.go.jp/SG1/estat/Pdfdl.do?sinfid=000031426929 最終確認二〇一七年八月三日)

(2) 本段落の中山間地域に関するデータの出典は、「中山間地域農業にもっと強い光を～地域の「宝」を活かした新たな挑戦～」『平成二八年度食料・農業・農村白書』二一二ページ(http://www.maff.go.jp/j/wpaper/w_maff/h28/attach/pdf/zenbun-8.pdf 最終確認二〇一七年八月二日)。

(3) 二〇一五年国勢調査による。本段落の集落世帯数や高齢化率は同国勢調査の小地域集計データによる。

(4) 中山間地域の生活は農林兼業の生活でもあった。小坂集落には共有山を管理する小坂生産森林組合もあり、毎年夏に行われる共有山の草刈りは集落総出で行っている。集落内の山の麓から山頂に向けて一斉に草刈りされ、山上の社で夏祭りが執り行われる。

(5) 地域貢献型集落営農施策の詳細は、『地域再生のフロンティア』(小田切徳美・藤山浩編著、農山漁村文化協会)を参照。

(6) 「食と農・かきのきむら企業組合」ウェブサイトより(Https://www.syokutonou-kakinoki.jp/ 最終確認二〇一七年八月三日)。

(7) 福原庄史氏の講演記録「UIターンの推進は健康と有機農業の里づくりにあり：島根・吉賀町の経験から」による(二〇一六年一一月二六日、長野県上田市中央公民館、主催：長野大学)。本章における福原氏の発言の出典は、特記のないかぎり同じ。

（8）福原庄史さんへのインタビューによる（二〇一七年九月一九日）。
（9）本書第1章、参照。

〈参考文献〉


相川陽一「地域資源を活かした山村農業」井口隆史・桝潟俊子編著『地域自給のネットワーク』コモンズ、二〇一三年。

相川陽一・小松原修・山崎大輝・佐藤大輔・串崎文平「（座談会）次の世代に伝えたい――弥栄に生きる農家の『声』と『想い』」島根県立大学JST人材育成グループ編『島根で暮らす環境共生という生き方――地球規模の環境危機へ　地域からのアプローチ』山陰中央新報社、二〇一〇年。

今井裕作「集落営農の新展開――島根の地域貢献型集落営農に学ぶ未来への展望」小田切徳美・藤山浩編著『地域再生のフロンティア――中国山地から始まるこの国の新しいかたち』農山漁村文化協会、二〇一三年。

国連世界食料保障委員会専門家ハイレベル・パネル著、家族農業研究会・農林中金総合研究所共訳『人口・食料・資源・環境　家族農業が世界の未来を拓く――食料保障のための小規模農業への投資』農山漁村文化協会、二〇一四年。

島根県中山間地域研究センターやさか郷づくり事務所『「小さな農林業」の可能性――弥栄町の農林業に関する調査報告書』島根県中山間地域研究センター、二〇一二年。

島根木炭史編集委員会編『島根の木炭産業史』島根県木炭協会、一九八二年。

玉真之介「「農家」概念の再検討――小経営的生産様式としての日本農業」『村落社会研究』第一二巻第一号、二〇〇五年。

徳野貞雄・柏尾珠紀『T型集落点検とライフヒストリーでみえる家族・集落・女性の底力――限界集落論を超えて』農山漁村文化協会、二〇一四年。

福島万紀「山村移住者はどのような暮らしと農林業を志向しているか――島根県浜田市弥栄町における事例から」『林業経済研究』六一巻一号、二〇一五年。

福原圧史「山村が目指す自給的暮らしの豊かさ――柿木村の有機農業の取り組み」『都市問題』二〇一六年一二月号。

福原圧史「自給をベースにした柿木村の有機農業」『有機農業研究』第七巻第二号、二〇一五年。

福原圧史・井上憲一「自給をベースとした有機農業――島根県吉賀町」前掲『地域自給のネットワーク』。

補章　再生可能エネルギー事業＝小水力発電を展開する農協

高橋巌・佐藤海

1　農山村におけるエネルギー自給の可能性と小水力発電の有用性

東日本大震災とそれが惹起した悲劇的な東京電力原発事故以降、原発と対置される形で、農村における小水力や風力・太陽光など、再生可能(自然)エネルギー資源が注目されるようになった。それは、バイオマスなども含めれば無限といっても過言ではない可能性を有している。この資源をフルに活用すれば、農山村地域をベースにしたエネルギー事業展開の可能性は、より拡大すると考えられる。実際、二〇一六年度前期の電力系統需給実績にみる自然エネルギー比率はすでに一五%を超えている[(1)]。

しかし、再生可能エネルギーであっても、巨大かつ集中的な発電システムなど従来型のシステムを対置するだけでは、大規模施設が資源・環境面に与える影響や、地方の電源集中立地に伴う社会問題、長距離送電システムによるロスなどは解決できない。すなわち、従来のような巨大・集中型立地ではなく、地域に密着した小規模分散型の発電システムの確立が課題になっており、電力においても「地産地消」が追求される必要がある。複合的な再生可能エネルギーの利用と、その自給ができれば、地域の就業機会を確保し、地域コミュニティの再生に役立つことも期待できよう。

こうした中で注目されるのは、水資源を利用した小水力発電である。水資源は、ときに水害で厳しい側面を見せるものの、雨の多い日本では、多くの地域で基本的に枯渇を心配せず、昼夜・季節を問わず常時利用可能で、もっとも効率的である。

従来の水力発電は、国内では飽和状態で自然を破壊する巨大ダムのイメージしかなかった。だが、一定の流量と簡易な施設で小規模に発電する小水力発電は、ダムを必要としない。風力発電のような巨大施設や、太陽光発電の太陽光パネルのようなリサイクル不可能な資材も必要とせず、地形や流量に適合するシステムであり、農業用水が利用できる平地農業地域や、水量が豊富な中山間地域などでは、電気の地産地消を促す条件を十分に提供している。再生可能エネルギーの中でもっとも持続可能であり、今後の普及が期待されるものである。

なお、新エネルギー法（新エネルギー利用等の促進に関する特別措置法：一九九七年施行）において、出力一〇〇〇kW未満の水力発電が「新エネルギー」として認定された背景から、「出力一〇〇〇kW未満を小水力発電とみなす」のが一般的な解釈であり、本稿もそれに従うこととする（ただし、二〇一二年七月から施行された「固定価格買取制度（ＦＩＴ）」の対象は、出力三万kW未満である）。

2　中国地方五県で五〇カ所が事業を継続

中国地方五県では、農協が小水力発電による発電事業を展開してきており、現在も「電化農協」という他地域では例を見ない発電専門農協が多く存在する。電力が不足していた一九五〇年代の農村で電化を進めた（「農村電化」）際に、農協などによって事業化された小水力発電所の多くが、発電機器をメンテナンスしながら、現役で発電事業を継続しているのである。こうした農協の発電事業は、東日本大震災以前はほとんど知られておらず、学会など専門研究の場でも報告されることはなかった。

小水力発電が中国地方に集中立地し、現在も継続している背景として、農村部の送電網整備の時期の遅れとともに、小水力発電に適した地形が多く、水量に恵まれ、地域企業の継続的な支援が得られたことが挙げられる[(2)]。一九五二年に制定された農山漁村電気導入促進法により、建設費用の八〇％補助（元利均等償還二〇年）と売電の規制緩和が行われたことから、全国で小水力発電事業所が設立されていく。

中国地方ではその多くが農協により担われ、一九五三年に設立された「中国小水力発電協会」に属した。その事務局は現在も広島県農業協同組合中央会に置かれ、直接の価格交渉は各事業者が行っているものの、事業者全体のまとめ役を担っている。中国電力以外の電力会社は小規

表補－1　中国地方の農協などによる小水力発電(2016年度)

県名	発電所名	所　在　地	会　員　名	年間実績(kWh)
鳥取	別府	鳥取市用瀬町	別府電化農協	306, 435
	大村	鳥取市用瀬町	大村電化農協	1, 461, 720
	富沢	八頭郡智頭町	富沢電化農協	1, 026, 936
	丹比	八頭郡八東町	八東町電化農協	1, 174, 050
	新日野上	日野郡日南町	日南町小水力発電公社	512, 670
	石見	日野郡日南町	日南町小水力発電公社	0
	畑	日野郡日野町	鳥取西部農協	504, 945
	根雨	日野郡日野町	鳥取西部農協	146, 156
	米沢	日野郡江府町	鳥取西部農協	1, 176, 989
	南谷	倉吉市関金町	天神野土地改良区	498, 600
	山守	倉吉市関金町	鳥取中央農協	0
	溝口	西伯郡伯耆町	鳥取西部農協	1, 349, 410
	上中山	西伯郡大山町	鳥取西部農協	847, 436
	古布庄	東伯郡琴浦町	鳥取中央農協	1, 493, 000
	小河内	東伯郡三朝町	鳥取中央農協	439, 024
		小　　計		10, 937, 371
島根	布部	安来市広瀬町	安来市	1, 442, 104
	伯太	安来市伯太町	安来市	717, 450
	赤名	飯石郡飯南町	雲南農協	516, 387
	三沢	仁多郡奥出雲町	雲南農協	356, 242
	仁多	仁多郡奥出雲町	奥出雲町	1, 234, 012
	田井	雲南市吉田曽木	島根県企業局	784, 462
	三瓶	大田市三瓶町	石見銀山農協	928, 520
	都賀	邑智郡美郷町	島根おおち農協	1, 549, 450
	角谷	邑智郡美郷町	島根おおち農協	1, 690, 574
	吉賀町	鹿足郡吉賀町	吉賀町	1, 705, 563
		小　　計		10, 924, 764
岡山	桑谷	津山市加茂町	津山農協	1, 775, 590
	西谷	苫田郡鏡野町	津山農協	2, 866, 153
	香々美	苫田郡鏡野町	香々美川土地改良区	1, 128, 085
	西粟倉	英田郡西粟倉村	西粟倉村	2, 085, 624
	羽山	高梁市成羽町	びほく農協	1, 176, 834
		小　　計		9, 032, 286

県名	発電所名	所在地	会員名	年間実績(kWh)
広島	明賀	庄原市西城町	庄原農協	444,300
	別所	庄原市西城町	庄原農協	670,470
	法京寺	庄原市西城町	庄原農協	476,367
	永金	庄原市西城町	庄原農協	604,400
	高暮	庄原市高野町	庄原農協	619,190
	田森	庄原市東城町	庄原農協	208,030
	竹森	庄原市東城町	庄原農協	1,418,300
	小奴可	庄原市東城町	庄原農協	232,145
	口南	庄原市口和町	庄原農協	324,710
	天神	三次市布野町	三次農協	895,278
	河戸	三次市布野町	三次農協	544,226
	壬生	山県郡北広島町	広島北部農協	1,247,833
	潜竜	山県郡北広島町	広島北部農協	715,750
	四和	廿日市市来栖北山	四和電化農協	1,362,090
	所山	廿日市市虫所	佐伯中央農協	989,740
	吉和	廿日市市吉和	佐伯中央農協	2,700,990
	藤尾	福山市新市町	福山市農協	501,167
	三川	世羅郡世羅町	尾道市農協	1,177,202
	志和堀	東広島市志和町	志和堀電化農協	671,850
		小　計		15,804,038
山口	稗原	岩国市錦町	山口東農協	999,630
		小　計		999,630
合　計				47,698,089

(出典)中国小水力発電協会資料より作成。所在地は中国小水力発電協会『中国小水力発電協会60年史』(2012年)発行時点である。

模事業者の淘汰を推進したため、こうした例は現在、中国地方のみである。

中国地方の小水力発電所は、九七カ所（全国では約二〇〇カ所）あったと言われるピーク時の約半数まで減少した。それでも、中国小水力発電協会管内で二七会員事業者（総合農協一四、電化専門農協六、土地改良区二、発電公社一、行政四）による五〇カ所の発電所が、現在も発電事業を継続している（**表補Ⅰ－1**）。なかには、建設後六十数年を経過した発電所もある。二〇一六年度発電実績は、約一万三二四九世帯の年間電力必要量[3]に相当する四七六九万八〇八九kW時で、一九五〇年代に建設された多くの発電所が、大きな機器のトラブルもなく稼働している。

なお、二〇一六年度におけるFITの小水力発電売電単価は、「二〇〇kW以上一〇〇〇kW未満」の発電所が二九円＋税、「二〇〇kW未満」の発電所が三四円＋税（いずれも調達期間は二〇年間）である。FITに移行すると売電単価が二～三倍前後上昇するため、経営上大幅に有利になるが、移行の要件として、まだ使用できる水路・発電機など施設・機器の一部改修工事が求められる。この機会に、長年使用してきた機器・施設を更新するなど施設改修を行い、FITの認定を受けたのは、二〇一六年度末段階で一五発電所である。

一部改修工事の資金が確保できずにFITに移行できない発電所の事業廃止や、FITに伴う売電先の変更などにより、直近のピークであった二〇一一年度と比較すると発電実績は約二割減少した。今後、FITの運用を改善し、建設初期費用の補助制度の強化や適切な規制の緩和を進めれば、小規模な発電所でも十分に採算が取れ、多くの地域で小水力発電の維持・拡大ができると考えられる。制度改善が喫緊の課題である。

3　農協が取り組む小水力発電所

庄原農協の別所発電所

広島県の庄原農協は一九八九年四月一日、庄原市のうち旧総領町を除く旧一市五町の六農協の合併により発足し、二〇〇六年四月一日に甲奴《こうぬ》郡農協と合併した。二〇一六年度現在、出資金は約二三億円、組合員数は一万九一九三人（正組合員一万三八四三人　准組合員五三五〇人）、職員数は四〇五人（正職員二〇七人、常雇・臨職・パート一九八人）である。

庄原農協は一九五五年に農山漁村電気導入促進法の適用を受けて発電事業を開始し、山間部の農村電化に努めた。現在九カ所の小水力発電所を運営している。広島県に現存する小水力発電所は一九カ所であるから、その約半分にあたり、県内でもっとも多い。九カ所とも発電した電力は原則として中国電力に売電し、農山漁村電気導入促進法の適用を受けていることに配慮して、夜間に余った電力の一部は発電所周辺約一五〇カ所の街路灯に供給している。いずれも、建設時に発電専用の水路を造らず、出力は一二〇〜二〇〇kWが多かったため、修繕費用が抑えられ、六カ所がＦＩＴの認定を取得することにつながった。

西城川流域にある別所発電所は、一九五五年に旧西城町農協によって明賀《みょうが》発電所と同時に

施設は古いが現役の別所発電所

竣工され、現在まで六二年にわたり稼働している。建設費は、当時の金額で二六七二万円であった。水路延長は二二五四・二二m、使用水量は一秒あたり〇・七四㎥、有効落差は三八・八二mで、当初は二一三kWの出力で設立された。水路には自動除塵機によりごみを除去する機能が備わっており、ほぼ一時間に一回の頻度で自動作動する。

その後FITの認定を受ける関係で、出力を一九九kWに下げた。発電した電力は、中国電力に全量売電している。発電機の老朽化などや導水路の補修などが必要になっているが、二〇一六年度に六七万四七〇kW時（一般家庭消費換算約一八六世帯相当）の発電実績を有する、現役の発電所である。

庄原農協は、「総合農協の組織性によって、メンテナンスなどが可能になるとともに、FITの要件である改修費用も捻出できた」と言う。総合農協の組織的な有利性が発電事業にも遺憾なく発揮され、地域に貢献している様子がよく理解できる。

発電所の規模に注目。この小さな志和堀発電所で約187世帯分の電力を供給！

東広島市志和堀電化農協の志和堀発電所

志和堀発電所は、広島県東広島市の太田川水系河川にある出力九五kW、使用水量一秒あたり〇・五〇㎥、有効落差二五・七六ｍの小規模施設で、一九五四年九月に運営を開始した。運営するのは、組合員約三〇〇人の専門農協・志和堀電化農協である。

二〇一六年度発電実績は六七万一八五〇kW時（一般家庭消費換算約一八七世帯相当）で、直近でデータが得られた二〇一一年度の年間売電額は約一〇〇〇万円超である。三人の地元在住高齢者と、保守員として契約している。時給は約八〇〇円、二四時間交代制で、週三日発電所脇の詰め所に待機し、取水口のごみを取り除いたり、荒天時の導水管や水路の確認などを行う。「地域の発電所」として地元に長年認知されているほか、保守員の「年金＋α」の所得にもなり、地域の雇用に貢献している。

二〇一〇年に約一〇〇〇万円を要する機器の改修を行った結果、発電効率が向上した。ただし、小規模な専門農協のため、ＦＩＴの要件である水路など施設の一部改修が難しい。そのた

水路の最大幅は約１ｍと狭いが、
多くの世帯に供給できる発電が可能

めＦＩＴ移行は見送られ、当面は従来のままの売電単価で維持する方向である。

小水力発電は地域に貢献し、資源・環境的な観点からもきわめて有用な発電方式である。こうした発電所を維持するためにも、既存の小水力発電所が大きな改修なく適用できるように、ＦＩＴをはじめとする現行制度の見直しが求められる。

岐阜県の石徹白農業用水農協

岐阜県の白山山麓（標高七〇〇〜八〇〇ｍ）に位置する中山間地域である郡上《ぐじょう》市白鳥町石徹白《いとしろ》地区は、かつて白山信仰の拠点として栄えたが、一九六〇年代から過疎化・高齢化に直面した。そこで地域活性化のためのさまざまな取り組みが行われ、その一環として二〇〇七年度から小水力発電事業が行われてきた。その概要を**表補Ⅰ−２**に示す。

まず、電気工事経験のあるＵターン者と、地域おこしを担うＩターン者の提案で、農業用水を利用した「日曜大工」的な工法によって、地域集会所の電源をまかなえる程度のらせん水車

表補－2　石徹白地区の小水力発電所・設備の概要

発電所名	事業主体	稼働開始年度	最大出力(kW)	使用水量(m^3/s)	落差(m)	目標発電量(kWh)	用途	FIT認定の有無
らせん水車2号機	やすらぎの里いとしろ	2009年度	0.8	0.2	0.8	4,030	自家消費	無
上掛け水車	やすらぎの里いとしろ	2011年度	2.2	0.15	3	11,081	自家消費	無
石徹白清流発電所	岐阜県、郡上市	2015年度	63	0.19	53.6	38,6000	全量売電	有
石徹白番場清流発電所	石徹白農業用水農業協同組合	2016年度	125	0.143	110.9	610,000	全量売電	有

(注)やすらぎの里いとしろはＮＰＯ法人で、小水力発電を通じてグリーン・ツーリズムやＩターン者の受け入れなどを推進する地区の地域活性化組織である。
(出典)現地資料より佐藤作成。

(上部から水を流し、らせん構造を持った水車軸を回転させて動力を得る)を利用した発電施設がつくられた。続いて、この水路の下流域に「地域のシンボルになるものを」との発想で、上掛け水車(回転する水車が

地域のシンボルとなっている
上掛け水車による小水力発電

見えやすい、水を上からかけて回す方式）による発電施設がつくられ、地域特産物加工所の電源をまかなっている。

この動きに行政（岐阜県、郡上市）が着目し、補助金を投入して売電を目的とした公設民営型の小水力発電所の導入が推進され、石徹白清流発電所（目標電力ベース：一般家庭消費換算約一〇七世帯相当）が二〇一五年度に稼働した。さらに、同一の水系を利用してもう一つ発電所を建設することになり、二〇一六年度に石徹白番場清流発電所（目標電力ベース：一般家庭消費換算約一六九世帯相当）が稼働した。

こうして二〇一六年一一月現在、自家消費型の発電設備が二カ所、全量売電型の発電所が二カ所、合計四カ所の小水力発電所・設備（一般家庭消費換算約二八〇世帯相当分）が稼働している。新しい二発電所はＦＩＴの認定を受け、経営的にも有利な体制が用意された。売電収入は自治会の運営や地域活性化の諸事業に活用され、地域に貢献している。

ここで注目すべきは、石徹白番場清流発電所の事業主体として、二〇一四年に石徹白農業用水農業協同組合という専門農協を新たに設立したことである。事業主体は株式会社、ＮＰＯ、一般社団法人なども検討されたが、「集落が一致団結して農村振興に取り組んでいくうえで、多くの住民が組合員として出資し、参加できる組織形態がふさわしいと考えて」農協を選択したという。

また、過去に周辺で電気利用組合による小水力発電事業が存在したこと、石徹白地区における農業用水の管理は自治会傘下の集団が担ってきたが、より組織性のある水利組合的な機能を必要としていたこと、全戸出資の組織を目指していた住民に対して岐阜県から農協設立の助言を受けたことも、選択の理由に挙げられる。組織化を推進した地域のリーダーは、中国地方で発電事業を行う専門農協を参考にしたという。設立にあたっては、Uターン者と共同で地域おこしを担うIターン者らの尽力も大きい。まさに協同組合の現代的再生と、それによる地域貢献と言えよう。

4　農協が展開する再生可能エネルギー事業の意義と可能性

以上、中国地方を中心に、岐阜県の新たな動きも含めて、農協＝非営利組織と地域住民が主体となった小水力発電事業の事例を報告した。一般にはほとんど知られていないが、農協組織が発電事業を担い、売電によって貴重な収入をもたらすなど、地域に貢献している様子が確認できたであろう。中国地方では、六〇年以上に及ぶ事業継続の背景に、広島県農協中央会が各事業者と電力会社との価格交渉など事業環境に関する支援によって事業の継続を支えてきたことや、総合農協が総合事業の有利性を活かしてメンテナンスやＦＩＴ移行のための施設改修費用を捻出してきたことなど、農協の社会的役割の発揮が確認された。社会的にも大きな意義を持つ事業の展開である。

現在、東京電力原発事故を契機に、再生可能エネルギーの必要性が強調されている。ところが、一部には、電力市場を規制緩和し、企業参入を促進すれば、問題が解決するかのごとき幻想がある。実際には、利潤目的のための市場原理によって営利企業が事業を担うだけでは、事業利益やメリットが地域に還元されない。場合によっては、農村・地域外の企業だけが利益を得る「新たな市場独占」を再生産しかねない[4]。したがって、新たなエネルギー市場の担い手をどう位置づけ、市場をどうコントロールするかが重要な検討課題となる。

そのためには、本稿でみたように、地域に立脚し利益を地域還元する、非営利性を根本原理に持つ農協を中心とする地域の「協同の力」が、必要であると言えよう。地域に密着した非営利事業体である農協・漁協などが事業主体になれば、地域への資金還元が期待できるだけでなく、農林漁業と連動した農山村における仕事おこしの可能性も高まるであろう。脱原発の一助となり、電気の地産地消を可能にする農協などの小水力発電事業への支援強化が求められるゆえんである。

（1）環境エネルギー政策研究所のデータによる（http://www.isep.or.jp/archives/library/9962 最終確認二〇一七年八月六日）。

（2）高橋巌「地域エネルギーと協同組合」（『協同組合研究』三三巻一号、二〇一三年、二五〜三六ページ）および佐藤海「地域経済における小水力発電の意義と今日的役割に関する研究」（日本大学大学院生物資源科学研究科修士論文、二〇一七年)では、元中国電力の関係者・織田史郎が、一九五〇年代から農村電化のため生涯を通して小水力発電を普及推進したこと、小水力発電の設備・機器を手がけるイームル工業(株)を創設し、現在も同社が各発電所への支援を続けていることなど、中国地方独自の背景を詳細に論じている。なお、農山漁村電気導入促進法の制定も、織田の各方面への働きかけの成果である。

(3)一世帯あたりの年間電力必要量はさまざまな想定が可能であるが、ここでは以下の電気事業連合会データの直近年のおおよその三〇〇kW時/月をもとに、年間三六〇〇kW時/世帯として算出した(http://www.fepc.or.jp/enterprise/jigyou/japan/sw_index_04/ 最終確認二〇一七年八月六日)。

(4)同様の視点からの詳しい分析は、田畑保『地域振興に活かす自然エネルギー』筑波書房、二〇一四年。また、大江正章『地域に希望あり――まち・人・仕事を創る』岩波新書、二〇一五年、参照。

＊本章は、前掲(2)の論文のほか、高橋巌「原発事故と食料・資源・エネルギー問題に果たす協同組合の意義」(『協同組合研究』三一巻一号、二〇一二年、三一〜三七ページ)、同「非営利事業による地域力の創造―「食」、エネルギー自給を担う協同組合の役割―」(『文化連情報』二〇一四年五月号、五八〜六一ページ)の各論文を要約・加筆したものである。1、2、4を高橋が、3を佐藤・高橋が執筆し、全体調整を高橋が行った。

終章　明日の私たちを支える農協であるために

高橋　巌

1　制度としての農協と「農協改革」

農協は、戦後民主化＝ＧＨＱ指令の流れに基づき、戦前の旧産業組合と戦時体制の旧農業会を引き継ぐ形で誕生した[1]。この意味では、欧米のような自立的な協同組合と異なる「制度としての」「上からの」官製要素が組織を支配していたのである。ただし、それは個別農協の責ではなく、日本における戦後民主化の反映そのものとも言えるであろう。

もちろん、実際の農協組織や事業がすべて官製支配であったわけではない。本書で見たように、さまざまな事業展開を自立的に図る一方で、米価・乳価などを中心とする農政運動によって、小規模事業者＝「社会的弱者」である農家世帯に対する所得確保を実現するなど、戦後所得再分配システムにおける役割を発揮してきた。しかし、そのことは、農政と密接につながる中で政権党を支え、その集票機能を担うなど、「保守本流」の一翼を担うことも意味したのである。

それゆえに、政権党が、米価や加工原料乳の保証価格など農産物に関する政策価格のセーフティネットと農協の役割を軽視するなど、従来の保守本流ではない新自由主義的な政策に大きく転換した後も、それを正すことはなしえなかった。所得再分配機能の低下や農産物自由化といった流れに加え、住専問題(2)を契機とした信用事業の「JAバンク化」や共済事業のイコールフッティングなど、協同組合事業の自立性に関わる規制・方策に抗しえず、その結果として、広域合併と短期的な事業推進による経営基盤の確保に傾斜せざるを得なかったのである。

こうした中で、新自由主義を推進する官邸農政と「規制改革会議」が台頭した。彼らは、TPPなどグローバル化の完成を契機に、戦後システムの中に位置する農協の機能を「用済み」として、整理しようとしている。すなわち、協同組合としての農協の非営利性・自立性と地域におけるセーフティネット機能を完全に無視し、農協を「農業者の職能組織」に押し込めながら、農家や地域組合員の財産である農協信用・共済事業などのファンドを、グローバル市場と多国籍企業の側に吸収すべく再編しようとしているのである。これが、本書で述べてきた基本的な「農協改革」の構図である。

すでに紹介したように、大田原高昭や北原克宣らは、従来型の「保守本流」戦後農協を「制度としての農協」として整理し、それが「終焉した」と以下のように論じている(3)。

①食管法が廃止されるなど、農協が経済的裏付けを失った時点で、農政推進の担い手として

の「制度としての農協」は終焉しており、その時点で農協は「協同組合として本来あるべき姿」「自立的な道」を模索すべきであった。

②しかし、農協をはじめ、農水省も自民党も、従来のような関係が継続しているという「フィクションにすぎない関係」を演出し続けた。

食管法廃止の時点で「制度としての農協」が「終焉」していたかどうかは議論が分かれるところであろうが、「農協改革」など現在の農協を取り巻く情勢が「協同組合としての農協」を「終焉」させる方向に向かっていることは、本書の論証を待たずとも疑問の余地がないであろう。

だが、本書で繰り返し述べ、実証してきたように、農協の機能は単なる農業者単独の「職能組織」なのではない。非営利で、地域に開かれた各事業展開を通じ、農協は地域の「食」と「生活」を支えている。こうした事業と組織の特性が、格差拡大などの社会不安、少子高齢化、食の不安・環境破壊といった今日の不安定な地域の中で、弱体化したセーフティネットの再構築にも寄与しうる要因となっているのである。

また、原発事故後に大きな課題となっている再生可能エネルギーによる地域自給の取り組みにおいても、利潤動機に基づく地域外の大企業とは異なり、非営利・地域事業体である農協が事業に関与すれば、地域での内需を拡大し、資金循環を促す。こうした内発的発展の機能を有する農協に、期待が寄せられている。

2　農協の新たな方向性

こうした流れを筆者なりに模式化し、今後のオルタナティブ（対抗軸）を描いてみたい。

図終－1のAは、大田原・北原らが言う「制度としての農協」である。高度経済成長に象徴される経済成長のもとで、その所得再分配システムの一翼を農政と政権党を支える形で担ってきた、従来の農協の姿である。それに対して、現在の「官邸主導型農政」を背景に、農協解体を仕掛けてきた勢力がBである。いうまでもなく現在の政策の主流であり、新自由主義・市場原理主義に立脚することを鮮明にしている。かつて大きな力を持った農協組織はこの勢力に抗しているが、その力は相体的に弱く、「農協改革」の波に洗われている。

これらに対しCは、「制度としての農協」を転換し、協同組合として自立的に発展させる新たな姿である。それは、農協が「食・農」を守る事業・活動を中心に果たしている地域のセーフティネット再構築機能をさらに強化し、地域住民の事業や生活を力強く支える姿である。当然、農協の各事業推進目標は、地域住民に貢献する努力によって得られる農協への支持によって実現されるものであって、短期的視座による「事業推進ありき」を前面に出した経営姿勢は根本的に転換されることになる。そして、地域の実情を無視した機械的な組織の広域合併も、適正規模の組織運営を基本として再検討されなくてはならないだろう。

図終－1　新たな農協の方向性（模式図）

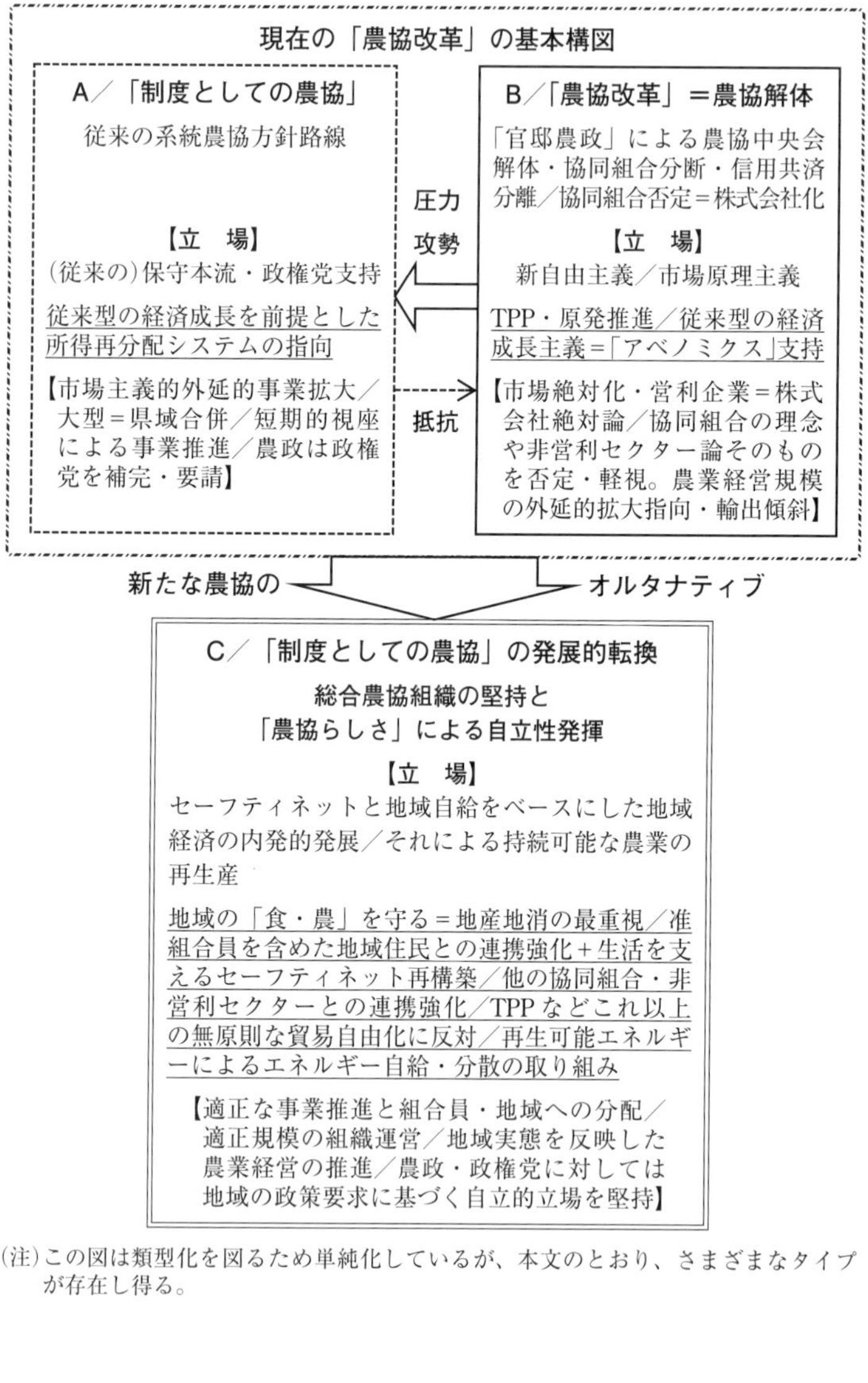
現在の「農協改革」の基本構図
A／「制度としての農協」
従来の系統農協方針路線
【立　場】
（従来の）保守本流・政権党支持
従来型の経済成長を前提とした所得再分配システムの指向
【市場主義的外延的事業拡大／大型＝県域合併／短期的視座による事業推進／農政は政権党を補完・要請】
圧力
攻勢
抵抗
B／「農協改革」＝農協解体
「官邸農政」による農協中央会解体・協同組合分断・信用共済分離／協同組合否定＝株式会社化
【立　場】
新自由主義／市場原理主義
TPP・原発推進／従来型の経済成長主義＝「アベノミクス」支持
【市場絶対化・営利企業＝株式会社絶対論／協同組合の理念や非営利セクター論そのものを否定・軽視。農業経営規模の外延的拡大指向・輸出傾斜】
新たな農協の
オルタナティブ
C／「制度としての農協」の発展的転換
総合農協組織の堅持と
「農協らしさ」による自立性発揮
【立　場】
セーフティネットと地域自給をベースにした地域経済の内発的発展／それによる持続可能な農業の再生産
地域の「食・農」を守る＝地産地消の最重視／准組合員を含めた地域住民との連携強化＋生活を支えるセーフティネット再構築／他の協同組合・非営利セクターとの連携強化／TPPなどこれ以上の無原則な貿易自由化に反対／再生可能エネルギーによるエネルギー自給・分散の取り組み
【適正な事業推進と組合員・地域への分配／適正規模の組織運営／地域実態を反映した農業経営の推進／農政・政権党に対しては地域の政策要求に基づく自立的立場を堅持】

（注）この図は類型化を図るため単純化しているが、本文のとおり、さまざまなタイプが存在し得る。

地域の農業経営についても同様である。この点は本書で十分に論じられなかったが、現実の地域農業は、農業経営規模の拡大や法人化など「官邸農政」が言うところの「攻めの農業」だけで「収益性」が実現できる実態にはない。地域には、多様な担い手による多様な農業経営が必要であり、消費者との連携も必須である。[4] また、国の進める六次産業化にしても、個別農業者の力やリスク負担能力には自ずから限界がある。これらを進めるためには、まさしく農協がその力をさらに発揮して、地域の中で「ヨコ」に広がる「食と農」の紐帯を強化することが、いま求められている。さらに今後は、想いと立ち位置をともにする各協同組合・非営利セクターとの「ヨコのつながり」もより強めることが必要である。[5]

農政・政権党に対しての問題も明記しなくてはならない。農協が地域のさまざまな政策的要請の窓口となり、政権党や行政に要請し、農家組合員や地域住民の声を実現する機能は現在も失われてはいないし、今後も重要となろう。直近の事例では、近い将来大きな変動が見込まれる「生産緑地制度」において、市街地で農地を所有する農家組合員の錯綜する利害を調整しながら、都市農業と農地を維持するために要請に取り組んだ事例などがある。[6]

とはいえ、私たちは、法的根拠すら希薄な規制改革会議など素人の「答申」を盾に、「官邸農政」を強力に推進する現在の政権党が、かつての保守本流＝所得再分配を目指す姿とは異なることを冷厳に見抜かなくてはならない。過去に「農政運動」の渦中にあった筆者ゆえに強調せざるを得ないのは、いまこそ、「農政運動」の根本的な総括が求められるということである。

すべての農業・農協関係者は、一九九三年のGATT[7]から、今日のTPPや日欧EPAに至る過程で、いったい何があったのか、とりわけTPPについてその時々の政権党公約と現実とのギャップがいかに大きかったのかを、想起してほしい。「消費者との連携が弱(く)……大衆運動を盛り上げておきながら、最後は密室での政府与党との取引で決着する……体制内圧力団体[8]」であった農政運動が「勝利」できる条件は、ほぼ完全に喪失したことが理解できないだろうか。

こうした中、政権党一辺倒ではない自立的傾向が一部で現れてきた。農村では、地域に必須だった農業補助金の一律削減など旧民主党政権時代の負のイメージがいまだに強く、現在の野党においても対抗的な農政が必ずしも明確になっていない。にもかかわらず、北海道・東北地方など農業主産地で、選挙結果などにそれが示されたのである[9]。

現在の「官邸農政」が永遠に続くことはあり得ないとしても、政権党がかつての姿に戻ることもまた想定できない。今後の農協は、地域によって条件の差異はあるが、目先の利益誘導による政権党への要請一辺倒ではなく、地域の自立的な政策要求を基礎にした「是々非々」の自立的・原則的立場の堅持が求められるであろう。

以上のA～Cの模式は、類型化を図るため単純化したものであり、実際にはAとCの間には複合・融合の要素も多くあるし、条件によればAとBの間に親和性もありうるなど、さまざまなタイプが存在しよう。とはいえ、今後の農協のあるべき方向性の基本はCにあると考えられるのではないか。

この終章のタイトルにある「明日の私たち」の主語は、基本的に、農協役職員や関係者だけを指すのではない。すなわち、決して「農協組織の生き残りのため」という狭義の組織防衛の含意ではない。農協が地域に果たす役割をこれからも全うし強化すること、それが農家組合員をはじめ、農協が関わる地域住民すべての食と生活を支えうるという意味での「明日」「私たち」なのである。逆に言えば、それができれば、農協に対する地域住民からの信頼と支持は揺るぎないものとなり「組織防衛」につながるが、できなければ、農協の「明日」はないということになる。

そもそも、ＴＰＰに見られる無原則な貿易自由化や原発推進などは、いずれの世論調査をみても、市民から多数の支持を得ている政策ではない。逆に、食の安全や食料自給率の向上、地域の環境保全は、多くの市民から支持を得ている。グローバル化による生活の不安を支え、「金儲けが目的ではない」非営利の事業・サービスへの希求も、高まっている。

もちろん、広域合併によるサービスの後退など農協事業・活動の不十分性に対する多くの批判はあり、それらが「自己改革」すべき課題であることはいうまでもない。とはいえ、農協の本来的な事業・活動や基本的な主張は、国内から多くの支持を得るはずのものである。農協側が自らの正当な活動を示す声はあまりに弱いと言わざるを得ないが、こうした国内の多くの声に応える方向をつくりだすことが、「真の農協改革」にほかならないのではないか。

広範な助けあいの連携をどのようにつくりだし、一部の世論誘導を断ち切りながら、この流れに対抗する「強く、かつ、しなやかな世論」をどのようにしてつくるのかが、すべての農協系統組織と関係者に問われている。

（1）戦後農協法制定過程に関する多数の文献のうち、河野直践「産消混合型協同組織と協同組合」（前掲、第1章（2）、うち二〇六～二五三ページ）は、現代的な課題との連続性という観点から、戦後農協法制をもっとも適切に整理した論考である。

（2）住宅金融専門会社（住専）においてバブル崩壊によって一九九五年に生じた不良債権をめぐり、その処理に対して六八五〇億円の公的資金が投じられたことをめぐる問題である。農協系の農林中央金庫が住専への融資に一部で関与していたことから、農協批判が展開された。これを機に信用事業の「効率化・合理化」が課せられ、「JAバンク」システムが確立する。しかし、母体行や大蔵省（当時）の責任がまったく論じられず、農協だけに批判が向けられたことを問題視する見解もある。たとえば、大田原高昭「住専問題とは何だったのか」『農業協同組合新聞（電子版）』二〇一四年六月二〇日（http://www.jacom.or.jp/noukyo/rensai/2014/06/140620-24618.php 最終確認二〇一七年一一月二三日）。

（3）大田原高昭「低成長期における農業協同組合―『制度としての農協』の盛衰―」『北海学園大学経済論集』第五二巻第二・三合併号、二〇〇四年、四五～六九ページ、北原、第1章、前掲（6）。

（4）多様な担い手に関する論点整理は、高橋、第3章、前掲（2）。

（5）たとえば神奈川県では、神奈川県協同組合連絡協議会が組織され、農協、漁協、森林組合、生協のほか、労協、ワーカーズコレクティブなど県内の協同組合・非営利セクターが連携を強め、さまざまな活動を展開している。このような取り組みは、全国的に拡大していく必要があろう。

（6）市街地において「生産緑地」に指定された農地では、固定資産税などが一般農地と同様に低い税額に抑えられ、相続税の納税猶予措置などが適用される。都市農業の維持には必須の制度であるが、一九九二年の法制定以来三〇年間維持されるとした生産緑地が二〇二二年に転機を迎えることから、市街化区域の農家が相続税の支払いのため農地を維持できなくなり、宅地転用が一挙に進むことが懸念されている。農協系統は、関係者とともにこの制度を今後とも弾力的に運用するよう運動・要請し、農家の要望に対応した一〇年間の措置延長や面積要件の緩和など、その一部を実現した。詳しくは、高塚明宏「都市農業振興に向けたJAグループの取組みについて〜生産緑地法の改正を踏まえて〜」（『都市農地とまちづくり』第七二号、二〇一七年、一二〜一五ページ）など。

（7）GATT＝「関税と貿易に関する一般協定」は、今日のTPPなど自由貿易協定の源流にあたる戦後の国際貿易を規定してきた協定である。一九九三年一二月のGATT＝ウルグアイ・ラウンド交渉妥結が、米や乳製品など基幹的農産物の関税化とWTO体制の発足につながる契機となった。当時の交渉妥結と乳製品への影響に関する報告は、高橋巌「コメ・乳製品等「自由化」の意味するもの——一二月一四日の顛末を中心に——」（『労農のなかま』三一巻三号、一九九四年、五七〜六〇ページ）など。

（8）大田原高昭『わたしたちのJA自己改革——知っておきたい協同組合の基本と役割』家の光協会、二〇一五年、一八〜一九ページ。

（9）たとえば、二〇一六年の参議院選挙結果における東西の集票傾向の差異が、その象徴と言えよう。

あとがき

編者は、まだ「ＪＡ」の呼称もない一九八〇年代なかば、大学院（博士前期課程）修了後、合併前で小規模の埼玉県旧狭山市農協（現・いるま野農協）に奉職し、短期間ながら管理業務や事業推進などに携わった。いまも忘れられないのは、全職員体制で実施していた組合員の自宅葬支援（葬祭）事業である。通常は経験できない業務としての葬祭体験であった。親族や近隣の人たちと同席する「清め」の席では、組合員と農協組織の深い歴史的なつながりを感ずる話を聞くことができ、研究者となった後に行う調査の数回分にも匹敵する貴重な経験となった。その後の職場でも、先進的酪農家や高齢農家に接する中で、農協と組合員・地域住民とのつながりの深さを感じてきた。

本書の各章で論じられている農協を媒介としたこうしたつながりこそが、地域農業を成り立たせ、地域住民の財産になっている。前述の体験を通じて、信用・共済事業と営農事業とが結ばれる農協事業の総合性が人びとの生活と事業を支えている実態も、理解できるようになった。

こうした実務を経て研究者に転じた編者は、最近、実態を学びもせず時流に任せた軽い論説で「農協改革」を主導する研究者や、ろくに取材もせず一方的で空虚な「農協攻撃」の記事を書き殴るマスメディアの記者に対して、怒りよりも哀れみしか感じられない。もし近い将来「時流」が変われば、彼らは、変わったその時流どおりに書き連ねるだけなのであろう。そのような者たちの浮き草のような論考は、早晩「歴史の屑籠」でデッドストック化するとしか言いようがない。

本書は、「改革」を名乗る農協攻撃激化の中で編者が執筆してきた一連の論考を、直近の情勢変化を反映して加筆修正するとともに、「農協改革」を的確に批判しうる気鋭の著者陣による書き下ろし原稿を加えて、まとめたものである。不十分な点が多々残されてはいるものの、決して「歴史の屑籠」に向かうことなく「時流を変えんとする意思があふれた本」という自負はある。

編者は、各地でお世話になってきたすべての農業・農協関係者に、本書を捧げたい。本書が地域農業の発展と住民の暮らしに寄与するとともに、地域で農協の力をより発揮しうる一助となれば幸いである。

企画から出版までは、予想以上に時間を要した。それは、編者の力不足はもとより、情勢の変化があまりに早く、農協に対する向かい風が強い中で、作業が膨大・多岐にわたったことによる。また、アメリカの離脱後に展開されている「TPP11」や日欧EPAをはじめ、主要農作物種子法の廃止や、規制改革会議が食指を伸ばしている「卸売市場改革」などは「農協改革」と連動する要素が強く、相互に関連して論じられるべきであった。他日を期したい。

コモンズ社長・大江正章氏は、地域と農・食の明日を語る「同志」である。昨今の厳しい出版事情にもかかわらず、本書の「言い出しっぺ」と産婆役を買って出ていただいた。編者がそれに甘え、作業遅延を重ね大変な労を煩わせたことに、心からの御礼とお詫びを申し上げたい。

二〇一七年一二月　　日々、緑が蝕まれる東京の片田舎にて

高橋　巌

【著者紹介】

小林信一（こばやし・しんいち）
1951年生まれ。静岡県立農林環境専門職大学短大教授（大学兼任）。専門：畜産経済学。編著『酪農乳業の危機と日本酪農の進路』（筑波書房、2011年）、『日本を救う農地の畜産的利用――TPPと日本畜産の進路』（農林統計出版、2014年）。

小磯　明（こいそ・あきら）
1960年生まれ。株式会社カインズ代表取締役社長、法政大学大学院公共政策研究科兼任講師。専門：医療・福祉経済経営論。主著『公害病認定高齢者とコンビナート――倉敷市水島の環境再生』（御茶の水書房、2020年）、『コロナ危機と介護経営』（同時代社、2021年）。

東山　寛（ひがしやま・かん）
1967年生まれ。北海道大学農学部教授。専門：農業経済学、農業経営学。共著『自由貿易下における農業・農村の再生――小さき人々による挑戦』（日本経済評論社、2016年）、『北海道から農協改革を問う』（筑波書房、2017年）。

樋口悠貴（ひぐち・ゆうき）
1991年生まれ。元北海道大学大学院農学院修士課程。

伊藤亮司（いとう・りょうじ）
1968年生まれ。新潟大学農学部助教。専門：農業市場論。共著『TPPで暮らしと地域経済はどうなる』（自治体研究社、2011年）、『動き出した「人・農地プラン」――政策と地域からみた実態と課題』（農林統計協会、2013年）。

矢坂雅充（やさか・まさみつ）
1956年生まれ。東京大学大学院経済学研究科准教授。専門：農業経済学。最近の論文として、「生乳取引・流通の現状と課題」『月刊NOSAI』2016年8～10月号。

相川陽一（あいかわ・よういち）
1977年生まれ。長野大学環境ツーリズム学部教授。専門：社会学。共著『地域自給のネットワーク』（コモンズ、2013年）、『村落社会研究52 現代社会は「山」との関係を取り戻せるか』（農山漁村文化協会、2016年）。

佐藤　海（さとう・かい）
1992年生まれ。日本大学大学院生物資源科学研究科博士前期課程修了。（一社）小水力開発支援協会業務部、全国小水力利用推進協議会。

【編著者紹介】

高橋　巌（たかはし・いわお）

1961年生まれ。狭山市農協、（社）中央酪農会議、（社）農協共済総合研究所を経て、現在、日本大学生物資源科学部食品ビジネス学科教授。専門：農業経済学、地域経済論、協同組合論。農・食・地域経済とこれらに関連する問題を中心に、経営組織論の手法も取り入れ、内発的地域開発視点による調査研究を行う。近年は、地域の農業生産基盤と内発性を解体する原発などの環境破壊や、TPPをはじめとする自由貿易原理主義に対抗するオルタナティブに言及している。

主著『高齢者と地域農業』（家の光協会、2002年）。共著『農に還るひとたち――定年帰農者とその支援組織』（農林統計協会、2005年）、『脱原発社会を創る30人の提言』（コモンズ、2011年）、『食と農の社会学――生命と地域の視点から』（ミネルヴァ書房、2014年）、『社会保護政策論――グローバル健康福祉社会への政策提言』（慶應義塾大学出版会、2014年）、『有機農業大全――持続可能な農の技術と思想』（コモンズ、2019年）。

地域を支える農協

二〇一七年一二月二〇日　初版発行
二〇二一年 八 月二〇日　3刷発行

編著者　高橋　巌

発行所　コモンズ
東京都新宿区西早稲田二−一六−一五−五〇三
TEL〇三（六二六五）九六一七
FAX〇三（六二六五）九六一八
振替　〇〇一一〇−五−四〇〇一二〇
info@commonsonline.co.jp
http://www.commonsonline.co.jp/

印刷・加藤文明社／製本・東京美術紙工

乱丁・落丁はお取り替えいたします。
ISBN 978-4-86187-145-0 C 0036

＊好評の既刊書

農と土のある暮らしを次世代へ　原発事故からの農村の再生
●菅野正寿・原田直樹編著　本体2300円＋税

原発事故と農の復興　避難すれば、それですむのか?!
●小出裕章・明峯哲夫・中島紀一・菅野正寿　本体1100円＋税

天地有情の農学
●宇根豊　本体2000円＋税

パーマカルチャー（上・下）　農的暮らしを実現するための12の原理
●デビッド・ホルムグレン著／リック・タナカほか訳　本体各2800円＋税

農業は脳業である　困ったときもチャンスです
●古野隆雄　本体1800円＋税

農家女性の社会学　農の元気は女から
●靍理恵子　本体2800円＋税

幸せな牛からおいしい牛乳
●中洞正　本体1700円＋税

有機農業のチカラ　コロナ時代を生きる知恵
●大江正章　本体1700円＋税

場の力、人の力、農の力。　たまごの会から暮らしの実験室へ
●茨木泰貴・井野博満・湯浅欽史編　本体2400円＋税

＊好評の既刊書

有機農業の技術と考え方
●中島紀一・金子美登・西村和雄編著　本体２５００円＋税

地産地消と学校給食　有機農業と食育のまちづくり
●安井孝　本体１８００円＋税

有機農業政策と農の再生　新たな農本の地平へ
●中島紀一　本体１８００円＋税

ぼくが百姓になった理由　山村でめざす自給知足
●浅見彰宏　本体１９００円＋税

食べものとエネルギーの自産自消　３・11後の持続可能な生き方
●長谷川浩　本体１８００円＋税

地域自給のネットワーク
●井口隆史・桝潟俊子編著　本体２２００円＋税

農と言える日本人　福島発・農業の復興へ
●野中昌法　本体１８００円＋税

種子が消えればあなたも消える　共有か独占か
●西川芳昭　本体１８００円＋税

生命《いのち》を紡ぐ農の技術《わざ》　明峯哲夫著作集
●明峯哲夫著、中島紀一・小口広太・永田まさゆき・大江正章解説　本体３２００円＋税